メカトロニクス電子回路

博士（医学）
博士（工学） 別府　俊幸
博士（工学） 渡邉　修治 共著
博士（工学） 濱口　哲也

コロナ社

まえがき

　私（濱口）は機械（メカ）屋である。昔から，見えない電気（エレキ）と見えない化学変化が大嫌いな人が機械工学科に進学するようである。私は大学の機械工学科においてメカトロニクス演習を担当し教えている。学生に聞いてみたら，いまもその傾向は変わらないようで，機械工学科の大半の学生は，「電気と化学は嫌いである」と答えた。私もその一人であり，見えないくせにビリビリする電気と，見えないくせに六角形をしていると教えられるベンゼン環は大嫌いである。それに比べてメカは見えるし，一目見れば動きを理解できるので心地よい。

　ところが，メカとエレキは切っても切れない関係にある。特に社会に出てエンジニアになると，「私はメカ屋だからエレキのことはわからない」では済まなくなるのだ。世の中のほとんどの機械は電気で動いているし，電気でコントロールされているからである。

　実は中学校で習うオームの法則と，若干の基本的な概念を理解しておけば，電気回路や電子回路のことはある程度はわかるのである。エレキ屋が暗黙知（暗黙の了解）として口に出さない，いやそれを暗黙知とも思っていないで無意識に理解しているからこそエレキ屋が口に出さないことを，きっちり表に出して説明すればメカ屋にも電気のことがわかるようになるのである。

　例えば，「電気には電圧と電流があってそれらが相互に関係し合うからややこしくてイヤだ！」とメカ屋は感じている。実はつぎのことを理解していればそんなに毛嫌いする必要はない。回路には演算（計算）するための電圧信号回路と，電力を供給するためのパワー回路がある。これらをメカ屋は，電気は電気とひとくくりにするからわかりにくいのである。

　電圧信号回路では，文字どおり電圧値で演算をするので，大きな電流は不要なので流さない。流さないからこそ電流を考える必要はない。電圧だけを考え

ておけばメカトロニクスで扱う回路ぐらいは十分設計できる。

　一方，モータを回転させるための回路の最終段には，大電流を流すパワー回路が必要である。なぜなら，モータの仕事は演算することではなくて，外に向かって機械的仕事をすることである。機械的仕事をするからこそ，仕事に必要なエネルギーとなる大きな電流を流さなければならない。このパワー回路で重要なことは流す電流である。ほとんど電流のことだけを考えておけばよい。その電流を流すために，オームの法則に従った電圧を印加するだけの話である。難しい話をすれば，過渡特性といった話も出てくるが，初心者はそこまで理解する必要はない。

　また，例えば電気工学という類の授業では，モータやスピーカなどのコイルといえば交流電圧や交流電流の式が登場し，高周波における特性や，電磁気学的な電気と磁気の相互作用が議論されてメカ屋はうんざりする。たしかにそのとおりであるが，その前に「コイルというのは，単なるグルグル巻きのエナメル線である」ことを忘れてはならない。つまり，抵抗を示す素子はどこにもないので直流抵抗は数オームしかない。このモータのような抵抗の小さい素子を，大電流を流せない電圧信号回路用の非力な電源に接続したら，あっというまに電源がギブアップする。

　さらに，例えばコンデンサといえば，電気工学ではやはり周波数特性が議論される。その前に，「コンデンサというのは，周波数によって抵抗値が変化する可変抵抗である。低周波では絶縁体に近く，高周波ではツウツウになる」と理解しておけば，多くの回路図の中でのコンデンサの役割を理解できる。詳細な定量的設計のときだけ数式を使って計算すればよい。

　以上を読んだだけでも，少し気持ちが楽になったメカ屋もいるであろう。こんな風にエレキ屋が持っている暗黙知を表出することで，メカ屋でも回路図を読める，回路図を描けるようになることを目的として本書を執筆した。日本中のメカ屋がエレキアレルギーを克服し，自信を持ってエレキ屋と議論するようになることを切に願っている。がんばれ！メカ屋！

　2014年3月

　　　　　　　　　　　　　　　　　　　　純然たるメカ屋　濱口　哲也

目　　次

1.　電子回路の重要な基礎知識

1.1　電子回路の基礎 ··· 1
　1.1.1　回　　　路 ··· 1
　1.1.2　オームの法則 ··· 2
　1.1.3　キルヒホッフの法則 ··· 4
　1.1.4　電力エネルギー ··· 5
　1.1.5　抵抗における電力消費 ··· 5
　1.1.6　他の回路との接続 ··· 6
1.2　グ ラ ン ド ··· 7
1.3　等価回路と内部抵抗 ··· 9
1.4　等価回路を使った計算 ·· 11
1.5　交流電圧（電流）の表し方 ·· 13
1.6　回　路　図 ··· 16
　1.6.1　回路図は図面ではない ··· 16
　1.6.2　左から入って右から出る回路図 ·································· 17
　1.6.3　電子回路のグランドは地面とはつながっていない ·········· 18
演 習 問 題 ·· 20

2.　リレーを用いたモータ駆動回路

2.1　ス イ ッ チ ··· 21
　2.1.1　スイッチの状態 ··· 21

2.1.2	スイッチの種類	22
2.1.3	スイッチの定格	22

2.2 リ レ ー ·· 25

2.2.1	リレーの構造	25
2.2.2	コ イ ル	27
2.2.3	コイルの逆起電力	28
2.2.4	コイルオフ時の誘導起電力	29
2.2.5	ショートブレーキ	31
2.2.6	リレー使用上の注意	31
2.2.7	リレーの定格	33
2.2.8	サージ吸収用ダイオードの選定	36
2.2.9	ラッチングリレー	37
2.2.10	DCモータの正転・逆転回路	38
2.2.11	してはいけない接続	39
2.2.12	モータ負荷	40

2.3 モータ周りの配線 ·· 41

2.3.1	AWG と sq	41
2.3.2	プリント基板	42

演 習 問 題 ·· 43

3. DC モ ー タ

3.1 電 気 と 磁 気 ·· 44

3.1.1	電気とは何か	44
3.1.2	クーロン力と電界	47
3.1.3	磁気とは何か	50
3.1.4	磁気に関するクーロン力	52
3.1.5	電気と磁気の関係	53

3.2 電動機を回す基本法則 ·· 54

3.2.1	電 磁 力	56
3.2.2	電 磁 誘 導	57

- 3.2.3 電動機と発電機 ………………………………………… 58
- 3.3 直流機の動作原理 …………………………………………… 59
  - 3.3.1 クリップモータはなぜ回るか ………………………… 59
  - 3.3.2 直流機の基本回路 ……………………………………… 60
- 3.4 直流機の等価回路 …………………………………………… 63
- 3.5 電力と機械出力 ……………………………………………… 64
- 3.6 DC モータが生じるトルク ………………………………… 65
- 3.7 直流機の起電力 ……………………………………………… 67
- 3.8 DC モータの理論特性 ……………………………………… 69
  - 3.8.1 速度特性 ………………………………………………… 69
  - 3.8.2 トルク特性 ……………………………………………… 70
  - 3.8.3 速度－トルク特性 ……………………………………… 70
  - 3.8.4 DC モータの始動電流 ………………………………… 71
- 3.9 実際の電動機（RS-540SH）……………………………… 71
- 演習問題 …………………………………………………………… 74

4. メカトロニクス電子回路の半導体素子

- 4.1 半導体と pn 接合 …………………………………………… 75
  - 4.1.1 真性半導体 ……………………………………………… 75
  - 4.1.2 不純物半導体 …………………………………………… 77
  - 4.1.3 pn 接合（ダイオード）………………………………… 77
  - 4.1.4 ツェナーダイオード …………………………………… 80
  - 4.1.5 LED ……………………………………………………… 81
- 4.2 半導体スイッチ ……………………………………………… 83
  - 4.2.1 ダイオード ……………………………………………… 83
  - 4.2.2 トランジスタ …………………………………………… 85
  - 4.2.3 MOSFET ………………………………………………… 89
  - 4.2.4 IGBT ……………………………………………………… 92
- 演習問題 …………………………………………………………… 95

5. センサを用いたモータ回路

5.1 温度センサを用いたファンコントロール回路 …………………… 96
    5.1.1 温度センサ ………………………………………………… 97
    5.1.2 オペアンプ ………………………………………………… 97
    5.1.3 受動素子 …………………………………………………… 105
    5.1.4 コンパレータ ……………………………………………… 114
    5.1.5 トランジスタによるモータドライブ …………………… 119
    5.1.6 MOSFETによるモータドライブ ………………………… 123
5.2 ノイズの影響を受けなくするために ……………………………… 125
    5.2.1 電圧信号回路とパワー回路 ……………………………… 125
    5.2.2 アナログ回路とディジタル回路 ………………………… 126
    5.2.3 パーツと基板の配線 ……………………………………… 128
    5.2.4 フォトカプラによる回路のアイソレーション ………… 129
演習問題 ………………………………………………………………… 131

6. 電源回路

6.1 電源とは ……………………………………………………………… 133
    6.1.1 電圧源 ……………………………………………………… 133
    6.1.2 なぜ商用電源は交流か …………………………………… 133
6.2 直流電源回路 ………………………………………………………… 136
    6.2.1 整流回路の動作 …………………………………………… 136
    6.2.2 直流電源回路の設計 ……………………………………… 140
    6.2.3 スイッチングレギュレータ ……………………………… 148
演習問題 ………………………………………………………………… 151

7. DCモータのディジタルコントロール

- 7.1 PICマイコン ……………………………………………………… 153
  - 7.1.1 PIC16F1938 ………………………………………………… 153
  - 7.1.2 A-Dコンバータ …………………………………………… 154
  - 7.1.3 逐次比較形A-Dコンバータ ……………………………… 156
  - 7.1.4 D-Aコンバータ …………………………………………… 158
- 7.2 PWMによるDCモータのスピードコントロール …………… 159
- 7.3 Hブリッジ回路を用いたモータ正逆転コントロール ………… 160
  - 7.3.1 Hブリッジ回路の動作 …………………………………… 160
  - 7.3.2 nチャネルMOSFETによるHブリッジ回路 …………… 162
  - 7.3.3 PICマイコンとHブリッジ回路のインタフェース …… 165
  - 7.3.4 PICマイコンによるPWM信号の発生 ………………… 167
  - 7.3.5 PICマイコンのプログラム ……………………………… 170
- 演 習 問 題 ……………………………………………………………… 174

引用・参考文献 …………………………………………………………… 175
演習問題解答 ……………………………………………………………… 176
あ と が き ………………………………………………………………… 182
索　　　引 ………………………………………………………………… 183

1 電子回路の重要な基礎知識

メカトロニクス機器では，センサを使って何かを計測し，その計測値を基にモータをコントロールする。本書の目的は，読者にモータをコントロールする電子回路を設計できるようになってもらうことにある。1章では，目標達成のための第一歩となる基礎知識を確認しよう。

1.1 電子回路の基礎

1.1.1 回　　　路

「『電気』が流れる」と一般的にはいわれる。しかし「電気」はいろいろな意味を持つ用語である。工学的には，回路の中を流れるものを**電流**と呼ぶ。「電気が流れる」ではなく「電流が流れる」といい表す。

では，電流が流れる「回路」とは何であろうか。

回路とは文字どおり，回る路(みち)である。電流が回る路である。英語では circuit である。レース場のサーキットである。同じところをぐるぐる回るコースである。電流は，回路の中をぐるぐると回っている（**図1.1**）。

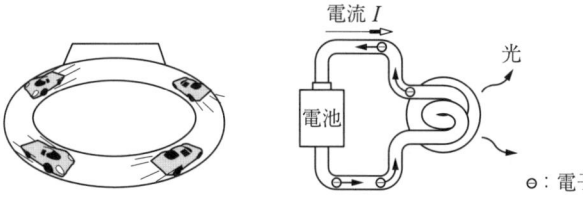

（a）自動車サーキット　　　（b）電気回路

図1.1　電流はサーキットを回っている

電池にはプラスとマイナスがあり，その間に電球をつなげば光る。電池と電球と電線とで，一周できる回路ができるからである。回路がとぎれれば，電流は流れない。スイッチを開けば回路がとぎれて電流が流れなくなる。

電源コンセントにもコンピュータの電源コネクタにも，2本の線を接続する。2本の線が100Vの商用電源（交流）につながっているか，直流電源のプラスとマイナスにつながっているかは異なるが，2本の線がつながっている点では同じである。2本の線をつながなければ，一周する回路が完成しない。

なお，直流は英語の direct current の頭文字を取って DC，交流は alternative current の頭文字より AC と表記する。

1.1.2 オームの法則

電流は文字どおり「流れ」である。電線の中では，「電流」と呼ばれる仮想的な「もの」が流れる。

実際には，電線の中では電子が移動する（**図 1.2**）。電子は，それぞれを観測すればランダムな動きをしている。その電子が平均的にどちらかに移動すれば電流が流れることになる。ただし電流の向きは，電子の平均移動方向とは逆と定められている。

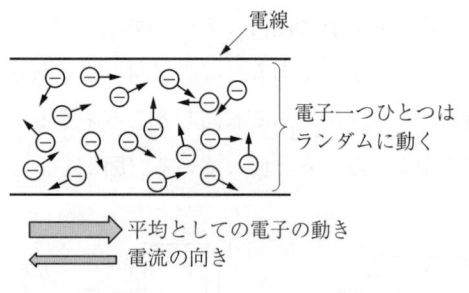

図 1.2 電子の動きと電流

仮想的に電線を水道管と考え，中には「電流」なる水流があると考えよう（**図 1.3**）。

蛇口をひねれば水が出る。これは高い位置にある水に働く重力（あるいは水

1.1 電子回路の基礎

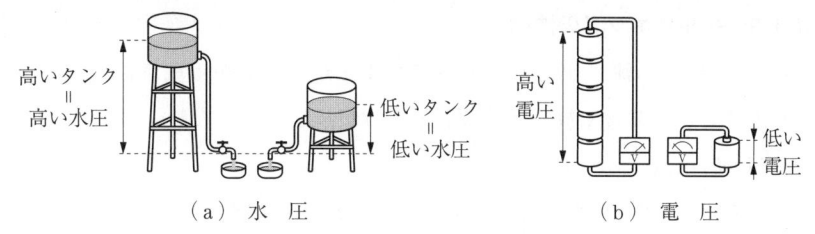

図1.3 電圧を水圧で考える

道局のポンプ）によって，水道管内の水に圧力（水圧）が加えられているからである。水タンクの高さが高ければ，あるいはポンプの発生する圧力が高ければ，管の中の水に加わる圧力はそれだけ高くなる。圧力が高ければ，それだけ水を押し流そうとする力も強くなる。反対に水圧がなければ，蛇口をひねっても水は出ない。

電流も同じである。電池または発電機によって電線の中の電子に圧力が加えられたときに電流が流れる。この電流を流そうとする圧力を**電圧**と呼ぶ。電圧が高いほど，電流を流そうとする強い力が加わる。電圧がなければ，電流を押し流す力も加わらないから電流は流れない。

ところで，水量は毎分 x 〔l〕のように，パイプの断面（あるいは蛇口）を通過した時間当り体積として表す。電流も同じである。電線のある断面を通過した電子の数で表す。ところが電子の数は超大なので，1秒当り1C（クーロン）の電荷量，すなわち 6.241×10^{18}（$= 1/1.602 \times 10^{-19}$）個の電子が通過する大きさを単位として，1A（アンペア）と表す。

また電圧 V は，1Ω（オーム）の抵抗 R に1Aの電流 I が流れているとき，抵抗の両端の電圧が1V（ボルト）と定義される。あるいは，電気的な圧力（電圧）が1Vあれば，1Ωの抵抗に1Aの電流を流せる，と考えてもよい。式で記せば

$$V \text{〔V〕} = I \text{〔A〕} \times R \text{〔Ω〕} \tag{1.1}$$

である。この式は中学校で習った**オームの法則**である。

1.1.3 キルヒホッフの法則

さて,蛇口から流れ出た水は容器にたまるが,電線から電流は流れ出ない(流れ出るときは漏電や放電と呼ばれる事故が起こっている!)。電流は回路の中を回り続けている。

したがって電池や発電機などの電源から流れ出る電流の大きさと,電源に戻る電流の大きさは等しい(**図 1.4**)。さらに考えれば分岐がない回路では,どの位置で計測しても,電流の大きさは同じである。これを**キルヒホッフの電流則**[†1]と呼ぶ。

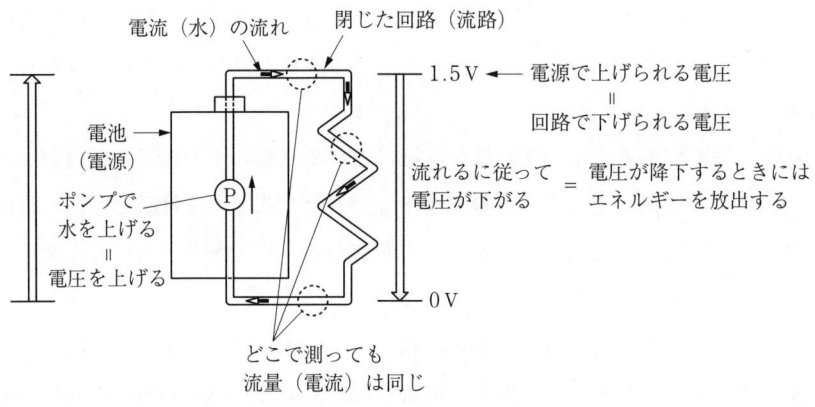

図 1.4 電流と電圧

また,回路の中に電源があるとき,電源で電流に加えられる圧力(電圧)と,周りの回路で下げられる圧力(電圧)の大きさは等しくなる。これを**キルヒホッフの電圧則**[†2]と呼ぶ。

キルヒホッフの法則は,回路を流れる電流や,回路の中の電圧を計算する基礎となる。

---

†1 キルヒホッフの第1法則とも呼ばれる。正確には「電気回路の中の任意の節点(回路がつながる点)において,流れ込む電流と流れ出す電流の和は等しい」。回路がつながる点において成立する法則であるから,回路がつながる点以外,つまり電線でも成立する。

†2 キルヒホッフの第2法則とも呼ばれる。正確には「電気回路に任意の閉路をとり,電圧の向きを一方向にとったとき,閉路に沿った各素子の電圧の和は0」である。

1.1.4 電力エネルギー

水が高いところから低いところへ落下する間に位置エネルギーを放出するように，電流もまた，電源を出てから電圧が下がるにつれてエネルギーを放出する．

電圧 V 〔V〕が抵抗 R 〔Ω〕に加えられたとき，電流 I 〔A〕が流れる．I が t 秒間流れたときのエネルギー（ジュール熱）W 〔J〕は

$$W〔J〕 = V〔V〕 \times I〔A〕 \times t〔s〕 \tag{1.2}$$

となる．電流 I 〔A〕は1秒当りの電荷 Q 〔C〕の移動量として定義されているから

$$Q〔C〕 = I〔A〕 \times t〔s〕 \tag{1.3}$$

$$W〔J〕 = V〔V〕 \times Q〔C〕 \tag{1.4}$$

である．式 (1.2) または式 (1.4) で表されるエネルギーを**電力エネルギー（電力量）**という．

1秒当りの電力量は

$$P〔W〕 = V〔V〕 \times I〔A〕 \tag{1.5}$$

で定義され，**電力**という．

式 (1.5) を式 (1.2) に代入すると，電力量の単位 J（ジュール）は W·s（ワット・秒）と等しいことがわかる．どちらも単位として使用されている．

1.1.5 抵抗における電力消費

図 1.5 のように抵抗 R が電源に接続されているとき，抵抗 R での電力消費 P は，式 (1.5) にオームの法則の式 (1.1) を代入して

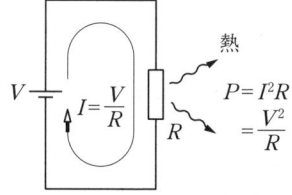

図 1.5　抵抗によるエネルギー消費

$$P \text{ [W]} = I^2 \text{ [A}^2\text{]} \times R \text{ [}\Omega\text{]} = \frac{V^2 \text{ [V}^2\text{]}}{R \text{ [}\Omega\text{]}} \qquad (1.6)$$

となる。この抵抗 R での電力消費はそのまま熱となる。

1.1.6 他の回路との接続

図1.6（a）は抵抗の直列回路である。回路には電流 I_1 が流れるが、キルヒホッフの電流則で表されるとおり、抵抗 R_1 にも R_2 にも同じ I_1 が流れる。このとき、抵抗 R_1, R_2 の電圧は $I_1 \times R_1$, $I_1 \times R_2$ である。抵抗に電流が流れると必ず電圧は降下する。あるいは、抵抗の両端に電圧があるから抵抗に電流が流れると考えてもよい。オームの法則である。

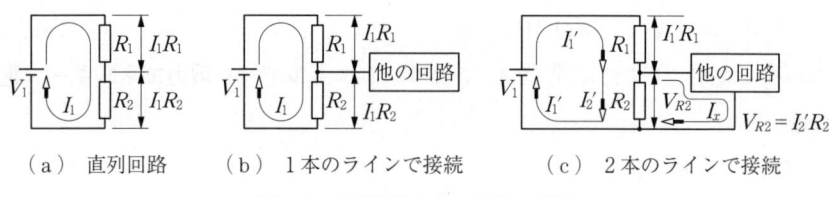

（a）直列回路　　（b）1本のラインで接続　　（c）2本のラインで接続

図1.6　直列回路と他の回路の接続

この回路に他の回路をつないだ状態を考えてみよう。まず、1本のライン（電線）で他の回路と接続した図1.6（b）ではどうなるであろうか。

残念ながら、分岐が1本だけでは電流は流れない。一周できるコースがなければ、電流はサーキットを走り回れない。すなわち、この分岐から他の回路へは電流が流れない。したがって、図1.6（b）の I_1 は図（a）の I_1 と同じである。

では、図1.6（c）ではどうなるであろうか。R_1 を流れた電流は R_2 にも他の回路にも流れる。このとき V_1 から流れる電流 I_1' は、図1.6（b）の I_1 ではない。

この場合、R_1 の両端の電圧 V_{R1} を計測すると

$$V_{R1} = I_1' R_1 \text{ [V]} \qquad (1.7)$$

である。I_1' は R_2 に流れる電流 I_2' と他の回路を流れる I_x に分かれる。R_2 の両端の電圧 V_{R2} は

$$V_{R2} = I_2' R_2 = V_1 - V_{R1} \quad [\mathrm{V}] \tag{1.8}$$

であり，他の回路に流れる I_x は

$$I_x = I_1' - I_2' \quad [\mathrm{A}] \tag{1.9}$$

と求められる。

1.2 グランド

水道の蛇口から水を流し出すための水圧は，蛇口の水位を基準として給水タンク水面の水位が，蛇口から相対的にどれだけ高いかという両者の水位の差で決まる。これが蛇口に向かって水を流すための水圧である。標高 3 000 m の高い位置にある蛇口が，位置エネルギー 0 の絶対基準である地球の中心からどれだけ離れているか，という絶対的な水位は実用上不要である。

電圧にも同じことがいえる。水位の差を水圧と呼ぶように，電位†の差を電圧と呼ぶ。電位の差であるから，「ある 1 点の電圧」というのは不正確で，「ある 1 点と基準点との電位差」というのが正確な表現である。したがって電圧を測るときは，1 点だけでは測れない。必ず 2 本の測定用端子を用いなければ測れないのである（**図 1.7**）。

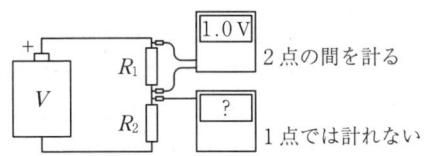

図 1.7 電圧は 2 点の間を測る

電子回路では設計者が任意の点，つまり，どこかを勝手に 0 V と定める（**図 1.8**）。どこを 0 V としてもよい。この 0 V のラインを**グランド**（ground）（あるいは**アース**（earth））と呼び，GND または G と表記，あるいは GND 記号を用いて示す。回路を考えやすくするため，通常は，電源（電池）のマイナス側

---

† 3.1.2 項の〔3〕で詳しく説明する。

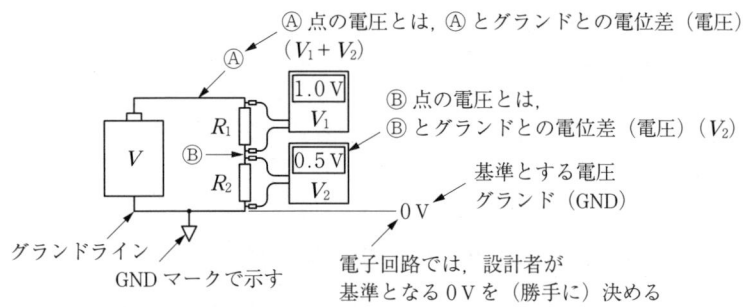

図 1.8 電子回路ではグランドが決められている

のラインをグランドとする。電子回路で「ある1点の電圧」といえば，それは，ある点とグランドとの電位差である。

ティータイム

電気回路と電子回路

　この本のタイトルは「電子回路」であって「電気回路」ではない。では，電子回路と電気回路の違いは何であろう。

　電気回路は抵抗とコイル，コンデンサとトランスで構成される回路である。これらの素子を受動素子（passive component）と呼ぶ。受動素子に直流や交流の電圧を加えたり電流を流したりして回路状態を計算する，エレキ屋にとってのサーキットトレーニングが「電気回路」である。

　これに対して，「ふつう」の回路には，アナログ信号を増幅するオペアンプや，ディジタル信号を扱うマイコンなどの半導体素子が使われている。半導体素子は，アナログ信号を増幅したりディジタル信号を計算したりする。このように半導体素子を使い，アナログあるいはディジタル信号を扱う回路を**電子回路**と呼ぶ。もちろん電子回路には，抵抗やコンデンサなどの受動素子も含まれている。コンピュータやテレビや計測器など，電源を用いて動いている回路はすべて電子回路である。

1.3 等価回路と内部抵抗

電池の回路図記号は，自動車用バッテリーもボタン電池も同じである（**図1.9**）。ところが自動車用バッテリーとボタン電池では，電流を流す能力が異なる。電池にはいろいろな種類，サイズがあるが，それぞれ取り出せる電流の大きさが異なる。リモコンや電卓に使うボタン電池では1Aを流せないが，自動車用バッテリーは100Aも流せる。

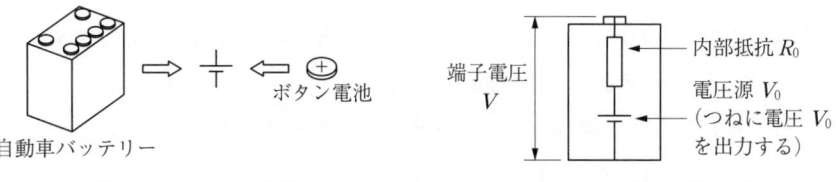

図1.9 回路図記号で表せば同じだが… **図1.10** 電池の等価回路

「どれだけ電流を流せるか」を考える回路が**図1.10**である。図1.10は**電圧源** V_0 と**内部抵抗（出力抵抗）** R_0 を用いて実際の電池を模擬した回路であり，**等価回路**という。ここで電圧源 V_0 は，何を接続してもつねに一定の電圧を出力する仮想的な電源である。現実にはこのような V_0 は作れないので，「仮想的」である。図1.9の電池も図1.10の電圧源も同じ回路図記号で表すが，現実の電池は電流を取り出せば電圧が下がる（内部抵抗がある）と考え，電圧源はどれだけ電流を取り出そうと電圧は変化しない（内部抵抗0）と考える。

等価回路は，実際の回路と同じ端子間電圧が表れ，端子に何かが接続されたときに同じ端子電流を流す理論的な回路である。等価回路は，実際の回路がどう接続されていようと問題にしない。実際の回路の電圧と電流を計算するための回路である。さらに等価回路は計算に使えるだけでなく，回路を考えるために便利な概念である。いわゆるブラックボックスモデルと考えてもよい（**図1.11**）。この概念を扱えるようになれば，いろいろな回路をより早く，より正確に計算できるようになる。

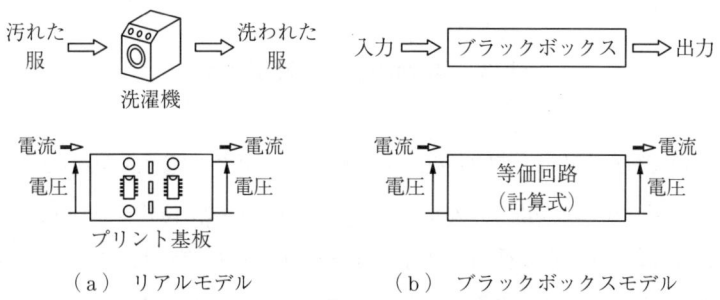

（a）リアルモデル　　　　　　（b）ブラックボックスモデル

図1.11　リアルモデルとブラックボックスモデル

　電池は，大きな電流を取り出せる電池であろうと，わずかしか電流を取り出せない電池であろうと，図1.10に示した電圧源 V_0 と内部抵抗 R_0 が直列接続された等価回路（**テブナン等価回路**）で計算できる。いま図1.12の回路で V_0 =1.5Vとしよう。この V_0 と R_0 から成る電池に負荷抵抗 R_L が接続されている。オームの法則を用いて回路電流 I を求めると

$$I \,[\mathrm{A}] = \frac{V_0\,[\mathrm{V}]}{R_0 + R_L\,[\Omega]} \tag{1.10}$$

である。ここで電池の出力電圧（端子電圧）V は

$$V = V_0 - I R_0 \,[\mathrm{V}] \tag{1.11}$$

となる。式(1.11)よりわかるように，電池から電流 I を流せば，端子電圧 V は低くなる。現実に存在する電池は，電流を流せば必ず端子電圧が低下する。

　内部抵抗 R_0 によって V がどのように変化するかを図1.13に示す。R_0 によって電圧の下がり方が緩やかであったり，急であったりする。例えば1Aの

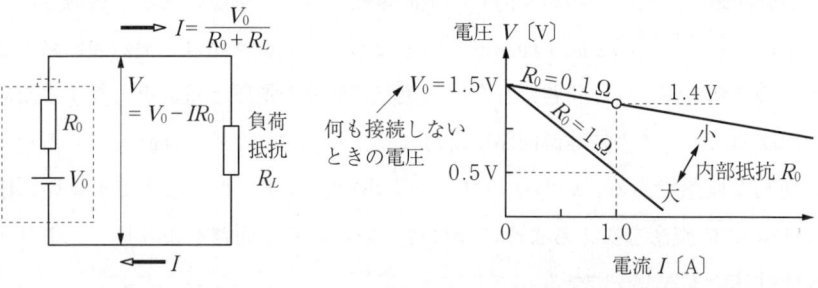

図1.12　等価回路による回路計算　　　図1.13　内部抵抗による出力電圧の変化

電流を取り出すためには，$R_0=1\,\Omega$では，出力電圧は$0.5\,\mathrm{V}$にまで下がってしまう。ところが，$R_0=0.1\,\Omega$であれば$1.4\,\mathrm{V}$にしか下がらない。つまり，$R_0=1\,\Omega$の電池は$1\,\mathrm{A}$を流せず，$R_0=0.1\,\Omega$の電池は（端子電圧が$1.4\,\mathrm{V}$でよければ）$1\,\mathrm{A}$を流せる。つまり，小さな電流から大きな電流まで流せる電池は内部抵抗R_0が小さく，内部抵抗R_0の大きな電池からは小さな電流しか取り出せない。

この内部抵抗の小さな電池（電源）あるいは回路を「インピーダンスが低い」という。「**低インピーダンス回路**」は，大きな電流を流すことができる。おおむね$1\,\mathrm{A}$以上を流すことのできる回路は，低インピーダンス回路，すなわち**パワー回路**と考える。ただし，大電流を流せる回路は，誤ってショートさせるとスパークして配線を溶かしたり，他の回路を壊したりと，危ない回路でもある。

1.4　等価回路を使った計算

図1.14（a）では，電池を3個直列に接続している。

3個の電池の電圧がそれぞれ$1.5\,\mathrm{V}$であれば，電圧の合計は$1.5+1.5+1.5=4.5\,\mathrm{V}$となる。ここで，3個の電池に負荷抵抗$R_L$が接続されている回路にはどこにも分岐がない。したがって3個の電池にもR_Lにも同じ電流Iが流れる（キルヒホッフの電流則）。

等価回路を用いて示すと図（b）となる。等価回路では，それぞれの電圧を加算し，抵抗もそれぞれを加算してまとめられる（図（c））。三つの電圧源

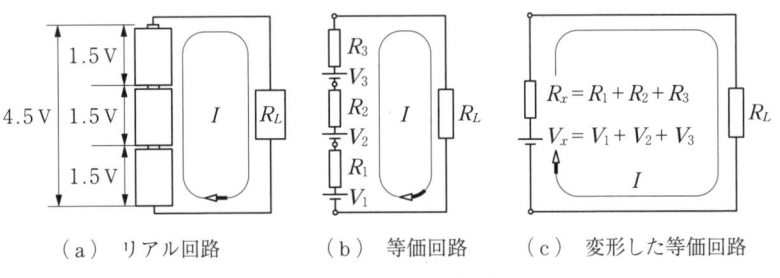

　　（a）　リアル回路　　　　（b）　等価回路　　　（c）　変形した等価回路

図1.14　電池の直列接続

V_1, V_2, V_3 の電圧は合計されて

$$V_x = V_1 + V_2 + V_3 \ [\mathrm{V}] \tag{1.12}$$

となり，内部抵抗も加算されて

$$R_x = R_1 + R_2 + R_3 \ [\Omega] \tag{1.13}$$

となる。

　直列回路では，電圧だけでなく内部抵抗も加算される。つまり電池を直列接続すればするほど，内部抵抗も大きくなる。このため合成された電圧源の電圧は高くなるが，大きな内部抵抗によって出力電圧（端子電圧）が下がるため，取り出せる電流は大きくならない。1個の電池で1Aを流したときの出力電圧が0.1V下がるとすれば，3個直列での出力電圧は0.1×3=0.3V下がる。

　電池は同じ種類，同じ容量であれば直列接続してもよい。大きさの異なる電池，つまり内部抵抗の異なる電池を直列接続すると，内部抵抗の大きな電池が発熱する。図1.14（b）の等価回路からわかるように，直列接続した電池にはすべて同じ電流 I が流れる。式 (1.6) で示したように，抵抗での発熱は $I^2 R$ に比例する。したがって小さな電池，すなわち内部抵抗の大きな電池が大きく発熱する。危険だから絶対にやってはならない。

　図 1.15（a）は電池を3個並列に接続した状態である。同じ電圧の電池であれば並列接続できる。もちろん並列にしたときも電圧は1個のときと同じである。ただし負荷抵抗 R_L の電流 I は，3個の電池からの電流が加算されるから

$$I = I_1 + I_2 + I_3 \ [\mathrm{A}] \tag{1.14}$$

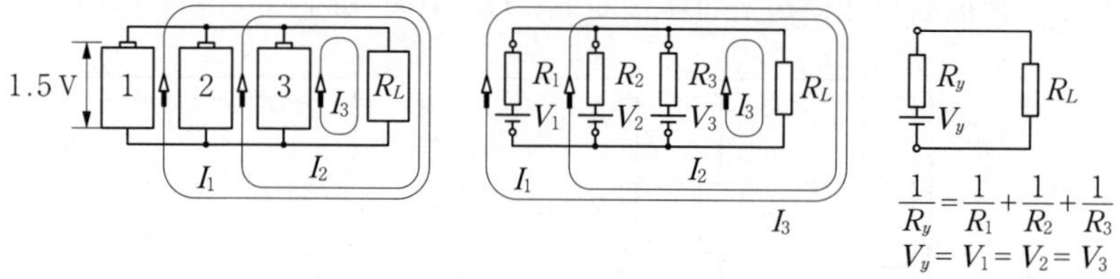

（a）リアル回路　　（b）等価回路　　（c）変形した等価回路

$$\frac{1}{R_y} = \frac{1}{R_1} + \frac{1}{R_2} + \frac{1}{R_3}$$
$$V_y = V_1 = V_2 = V_3$$

図 1.15　電池の並列接続

となる。キルヒホッフの電流則である。このように電池を並列に接続すれば，取り出せる電流が大きくなる。1個の電池が1A流せるとすれば，3個では3A取り出せる。

テブナン等価回路を用いて表したものが図（b）である。さらに電池を一つにまとめると図（c）となる。3個の電池の電圧源が等しいとき電圧 V_y と置き

$$V_y = V_1 = V_2 = V_3 \text{〔V〕} \tag{1.15}$$

となる。内部抵抗を合わせた合成抵抗 R_y は，抵抗の並列接続であるから

$$\frac{1}{R_y} = \frac{1}{R_1} + \frac{1}{R_2} + \frac{1}{R_3} \quad \left[\frac{1}{\Omega} = \text{S （ジーメンス）}\right] \tag{1.16}$$

として求められる。$R_1 = R_2 = R_3$ であるなら，$R_y = R_1/3$ と小さくなる。したがって，1個のときの3倍の電流を R_L に流しても，電池の端子電圧での電圧降下は同じになる。

なお，厳密にいえば電池には必ず電圧のばらつきがある。このため3個を並列にすれば，電圧の高い電池から低い電池に電流が流れ込むことになる。もちろん，同種類の同じ使用履歴の電池であれば，この電池間の電流が大きくなることはなく，並列接続可能である。

1.5　交流電圧（電流）の表し方

交流信号を扱うときには正弦波（sine wave）を用いる。交流電圧 V_{AC} は図 1.16 に示すように振幅 V_m と周期 T〔s〕で表す。周波数 f〔Hz〕$= 1/T$ であるから，数式では

$$V_{AC} = V_m \sin(2\pi ft) = V_m \sin(\omega t) \text{〔V〕} \tag{1.17}$$

と表す。

ここで ω〔rad/s〕は**角周波数**と呼び，$\omega = 2\pi f$ である。正弦関数 sin は 0 から 2π で1周期となる。周波数 f は，1秒間に sin 波が何周期あるかを表す。

ところで，交流信号の大きさは振幅 V_m ではなく，実効値 V_{rms} で表す。実効値は時刻 t における瞬時の電圧 V_m を2乗し，1周期の積分値を時間で平均

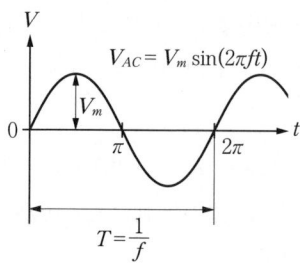

図 1.16 交流電圧（電流）のパラメータ

（周期で割り算）し，平方根を開いて求める。実効値を表す略号 rms は，計算方法である 2 乗（square），平均（mean），平方根（root）それぞれの頭文字である。式で表せば

$$V_{rms} = \sqrt{\frac{1}{T}\int_0^T V_m^2 \sin^2(\omega t)\, dt}$$

$$= \sqrt{\frac{1}{T}\cdot\frac{V_m^2}{2}\int_0^T \{1-\cos(2\omega t)\}\, dt} = \sqrt{\frac{1}{2}}\, V_m \quad [\mathrm{V}] \qquad (1.18)$$

である。

単に「交流 100 V」といえば，それは実効値が 100 V である。交流電圧計の針が 10 V を指していたら，それは実効値が 10 V である。ディジタル電圧計が 1.0 V と表示していたら，実効値が 1.0 V である。交流は実効値で表す。

交流の表記に計算の面倒な実効値を用いる理由は，エネルギーを考えるときに直流と同じ大きさとして扱えるからである。

図 1.17（a）のように抵抗 R に直流電源 V_{DC} を接続して直流電流 I_{DC} を流したときを考える。抵抗では $V_{DC}I_{DC}$ の電力が消費されて $I_{DC}^2 R$ の熱が発生する。また，図 1.17（b）のように抵抗 R に式（1.17）で表される交流電圧 V_{AC}〔V〕

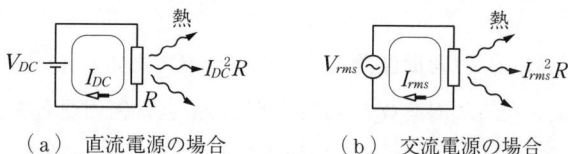

（a）　直流電源の場合　　　（b）　交流電源の場合

図 1.17　エネルギーの等しい直流と交流

1.5 交流電圧（電流）の表し方

を加えたと考える。抵抗に流れる電流 I_{AC}〔A〕は

$$I_{AC} = \frac{V_m}{R}\sin(\omega t) = I_m \sin(\omega t) \quad \text{〔A〕} \tag{1.19}$$

である。交流電力 P_{AC}〔W〕も直流と同様に電圧と電流の積であるから

$$P_{AC} = \frac{1}{R} V_m^2 \sin^2(\omega t) \quad \text{〔W〕} \tag{1.20}$$

である。これは交流の**瞬時電力**と呼ばれ，周期 T の間で変化する。交流電力 P は瞬時電力の1周期の平均となるから

$$\begin{aligned}
P &= \frac{1}{T}\int_0^T P_{AC}\,dt = \frac{1}{T}\frac{V_m^2}{R}\int_0^T \sin^2(\omega t)\,dt \\
&= \frac{1}{T} \cdot \frac{V_m^2}{2R}\int_0^T \{1 - \cos(2\omega t)\}\,dt \\
&= \frac{1}{2}\frac{V_m^2}{R} = \frac{1}{2}V_m I_m \quad \text{〔W〕}
\end{aligned} \tag{1.21}$$

である。したがって，$V_{rms} = V_m/\sqrt{2}$，$I_{rms} = I_m/\sqrt{2}$ であれば

$$P = V_{rms} I_{rms} = I_{rms}^2 R \quad \text{〔W〕} \tag{1.22}$$

となる。つまり実効値を用いれば，交流の電力も直流の電力も同じ大きさとして扱える。

なお，式(1.18)に示したように，正弦波であれば実効値と振幅値は

$$\text{実効値} = \frac{1}{\sqrt{2}}\text{振幅値} \tag{1.23}$$

であるが $1/\sqrt{2}$ となるのは正弦波の場合だけであって，波形が異なると式(1.23)は成り立たないことに注意する。

原則として，交流の大きさは実効値で表す。しかし，電子回路では信号電圧の範囲や，アンプが（クリップしないで）直線的に増幅できる範囲を考えることも多い。この場合には振幅値 V_{0-p}（$= V_m$）あるいはピークピーク（peak-to-peak）値 V_{p-p} を用いることが多い（**図1.18**）。振幅値 V_{0-p} の添字 0-p はゼロからピーク（peak）までを表す。ピークピーク値 V_{p-p} は，波形の頂点から頂点までの値である。

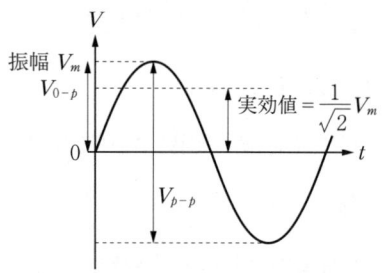

図 1.18　交流電圧の表し方

1.6　回　路　図

1.6.1　回路図は図面ではない

機械に図面があるように，電子回路にも回路図がある．しかし機械図面と異なり，回路図は物理的な部品の位置を示した図ではない．部品とライン（電線やプリント基板上のパターン）の接続を示した図である．図面というよりもブロック線図に近いかもしれない．しかも，機械図面は外形線や隠れ線や中心線などのルールにのっとって，同じ形状の装置を作れるように表したものであるが，回路図は違う．プリント基板図や筐体内配線図などに詳細化されなければ，同じ形状の装置は作れない．

回路図にはさらに隠された原則がある．回路図は接続するラインを記した図であるが，最も重要なグランドや電源が，しばしば省略されている．

図 1.19 は，スイッチがオンのときにモータを回す回路である．回路は電源（電池）とスイッチとモータから構成されている．図（a）はすべてのラインを描いた回路図であり，図（b）は GND ラインを GND 記号に置き換えた回路図であり，図（c）は電源ラインも省略した回路図である．もちろん，三つの回路図はいずれも同じ回路である．単純な回路ではラインを省略するメリットはないが，回路が複雑になったときは，回路図を見やすくする効果がある．

1.6 回　路　図

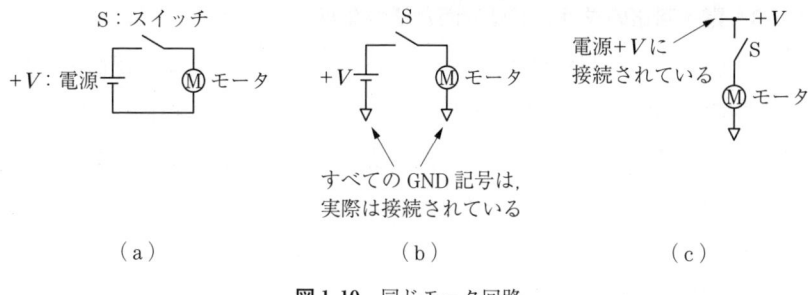

図 1.19　同じモータ回路

1.6.2　左から入って右から出る回路図

回路図にも読み方がある（**図 1.20**）。原則的に

（1）　左から入力し，右に出力する。
（2）　電源（プラス）を上側に，グランドを下側に配置する。
（3）　プラスとマイナスの電源があるときには，プラスを上側に，マイナスを下側に配置する。
（4）　機能ごとに回路をまとめる。

機能のまとまりを見つけるにはトレーニングが必要であるが，基本的には機能単位のブロックがつながった図である。どこからどこまでが一つの機能であるかがわかれば，回路図は怖くない。

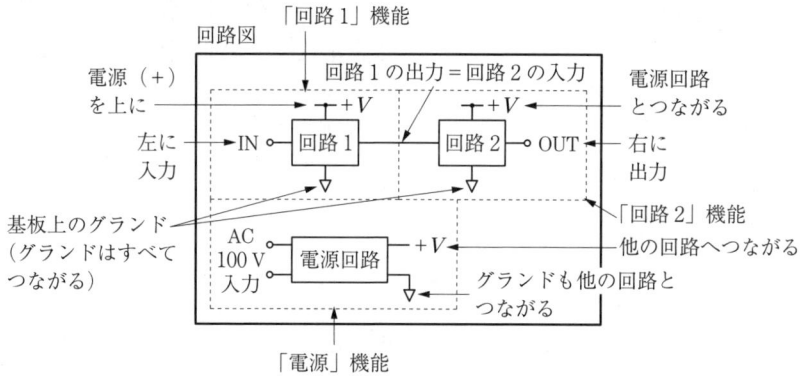

図 1.20　回路図の読み方

1.6.3 電子回路のグランドは地面とはつながっていない

グランドは，電子回路を動作させるための原点である．ところが前述のとおり，回路図ではたいてい省略されている．さらに，グランドの回路図記号は一つではない（**図1.21**）．日本工業規格（JIS規格）が変わったことなどから，混乱して使われている．図1.21の3種の記号は，原則的に同じと考えてよい．本書では現行のJIS規格に従って図（a）の記号を使用する．図（b）は装置のフレームに接続する場合の記号である．

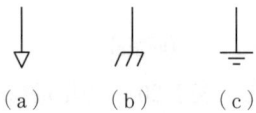

図1.21 GND記号

なお，図（c）の記号はJIS規格では，地面からのアース線を接続する「大地アース」である（**図1.22**（a））．しかし多くの書籍などでは，図（c）の記号も，地面と接続しないふつうのグランドとして使われている．指定されない限り電子回路では，グランドラインを地面と接続する必要はない（図1.22（b））．

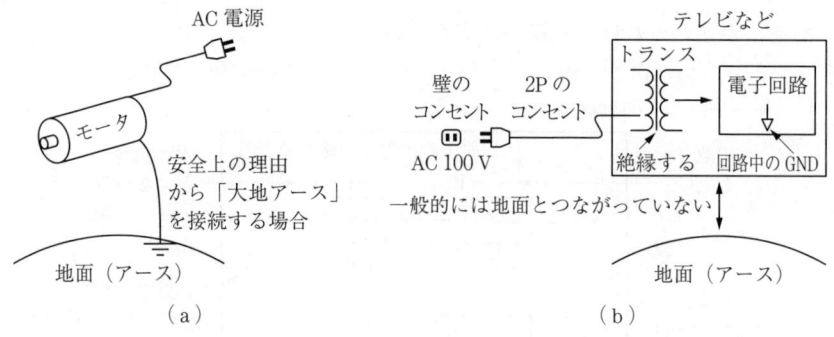

図1.22 大地アース

また，ラインやパーツをグランドに接続することを「接地する」という．ただし電子回路で「接地する」はグランドラインとつなげることであって，地面とつなぐことではない．

省略されているものの，回路を動作させるためにはグランドと電源はたいへん重要である。グランドは，電気信号の基準となる電位である。すべてのグランドは厳密に同じ電位であってほしい。定盤が平面であるように，グランドの電位も同じであってほしいのである。

ところが現実には，グランドラインにも抵抗が存在する。電流が流れれば，グランドライン上の異なる2点間には電圧（電位差）が生じる。グランドは，ライン上の電位差ができるだけ小さくなるように配線する。

ちなみに英語ではグランドを common と呼ぶ。回路内で共通の基準となるラインである。

―（ティータイム）―

電子回路の有効桁数

測定値と真値の差を**誤差**という。測定値は必ず誤差を含み，測定器で真値を読むことは不可能である。測定値などの近似値で信頼してよい数字を**有効数字**という。測定器には，測定値を正しく読み取ることが可能な桁数（**有効桁数**）がある。

電子回路では，増幅率など，素子の値によって特性が決まるものが多い。より良い特性を得るためには，素子の値を正しく計算しなければならない。

しかし一方，電子回路に用いる素子の値には誤差が含まれる。例えば，金属被膜抵抗の抵抗値には±1%の誤差を含むと示されている。慣習的に $R=2.4$ kΩ と2桁で値を表すが，5本線のカラーコードは 2.40 kΩ を示し，抵抗は 2.376 k$\Omega < R <$ 2.424 kΩ の範囲に真の値を持つ。有効桁数は3桁である。

したがって，有効桁数4桁の計算値を求めたとしても，この抵抗を用いた回路では，その精度を実現できない。反対に計算値の有効桁数が2桁しかなければ，抵抗の精度を生かすことができない。

つまり電子回路では，途中の計算は有効桁数4桁以上として，最終結果に3桁を確保する。本書の各章末にある演習問題も，特別にことわりのない限り，解が有効桁数3桁を持つように求める。

[演習問題]

1.1 　5 Ω の抵抗の電圧を測ったら，右の端子は左の端子より 1 V 高かった．電流の向きと大きさを求めよ．
1.2 　AC 100 V で使用する 1 kW の電気ストーブがある．このストーブの発熱体の抵抗を求めよ．
1.3 　4 Ω の抵抗の電圧を測ったら 5 V であった．抵抗器の 10 秒間の発熱量を求めよ．
1.4 　図 1.8 の回路において，$V = 10$ V，$R_1 = 2$ kΩ，$R_2 = 3$ kΩ である．
　（1）　Ⓐ 点および Ⓑ 点の電圧はそれぞれ何 V か．
　（2）　R_1 の両端の電圧は何 V か．
　（3）　R_1 に流れる電流は何 A か．
　（4）　R_1，R_2 の消費電力を求めよ．
1.5 　図 1.12 の回路において，$V_0 = 12$ V，$R_0 = 0.2$ Ω である．
　（1）　この電池から 1 A を流したとき，端子電圧は何 V になるか．
　（2）　$R_L = 11.8$ Ω のとき，電流 I は何 A か．
1.6 　図 1.12 の回路において，無負荷時（R_L を接続しないとき）$V = 13.0$ V であった．出力電流が 5 A のときに，$V = 12.5$ V であったとすれば，内部抵抗 R_0 は何 Ω か．
1.7 　図 1.14 の回路において，$V_1 = 2$ V，$V_2 = 3$ V，$V_3 = 4$ V，$R_1 = R_2 = R_3 = 0.1$ Ω である．V_x，R_x を求めよ．
1.8 　図 1.15 の回路において，$V_1 = V_2 = V_3 = 12$ V，$R_1 = 0.1$ Ω，$R_2 = 0.2$ Ω，$R_3 = 0.3$ Ω である．V_y，R_y を求めよ．
1.9 　振幅 20 V の正弦波交流の実効値は何 V か．
1.10 　周期 0.1 ms の正弦波の周波数は何 Hz か．

2 リレーを用いたモータ駆動回路

モータを回すだけなら,簡単である。

しかし,狙った回転数で回し,狙ったところで止めるのは簡単ではない。まずは簡単な回路から始めて,本書を読み終わるときにはディジタルコントロールができるようにしよう。

2章ではDCモータを回す基本回路を紹介する。

2.1 スイッチ

2.1.1 スイッチの状態

スイッチは,回路を接続(オン)または切断(オフ)する部品である。この接続状態または切断状態は

接続(connect)/切断(disconnect, break)

オン(on)/オフ(off)

閉(close)/開(open)

入(in)/切(out)

短絡(short)/開放(open)

導通/遮断

このように日本語だけでなく英語でも多様に表現される。表記は異なるが,これらはいずれもオン/オフを表す。

2.1.2 スイッチの種類

図 2.1 にスイッチ記号を示す。スイッチには，待機（何もしていない）状態がオフ，押された（レバーを動かした）ときがオンの **a 接点**，待機状態がオン，押されたときがオフの **b 接点** がある。また，二つの接点を切り替えるタイプを **c 接点** と呼ぶ。c 接点では，接点を切り替える側（端子）を **共通端子**（common）と呼び，C あるいは COM と表す。そして，待機状態がオフになる接点（端子）を **常開端子**（normally open）と呼び NO，もう一方の，待機状態がオンになる接点（端子）を **常閉端子**（normally close）と呼び NC と表す。

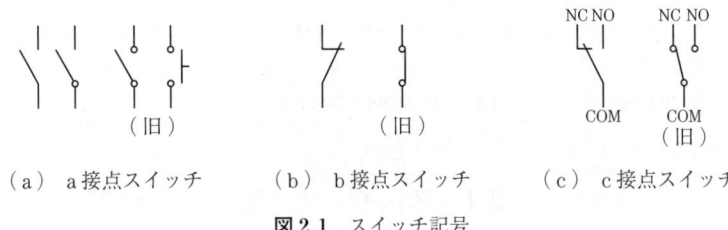

（a） a 接点スイッチ　　（b） b 接点スイッチ　　（c） c 接点スイッチ

図 2.1　スイッチ記号

接点の数を **投**（throw）と呼ぶ。c 接点は二つのうちのどちらかに接続するから双投であり，a 接点あるいは b 接点は一つの接点との間でオン/オフするだけであるから単投という。

スイッチには，一度の操作で 2 回路，3 回路を同時にオン/オフできるものもある。回路数を **極**（pole）と呼び，1 回路スイッチを 1 極，2 回路，3 回路スイッチを 2 極，3 極と呼ぶ。

また，スイッチには，動作の種類により，押している間だけ接点の状態が変化し，指を離すと元に戻る **モーメンタリ**（momentary）動作と，指を離してもスイッチの状態が保持される **オルタネート**（alternate）動作がある。例えばキーボードや，マウスのスイッチはモーメンタリ動作であり，ラジオなどの主電源スイッチはオルタネート動作である。

2.1.3 スイッチの定格

スイッチには定格電圧および定格電流が定められている。定格電圧は，ス

イッチの接点に加えることのできる最大の電圧である.また,定格電流は電流容量ともいわれ,接点に流すことのできる最大の電流である.定格を上回る電圧や電流を加えると,スイッチは故障する.絶対に定格を超えてはならない.

スイッチの定格例を**表2.1**に示す.

表2.1　スイッチの定格例

定格電圧	定格電流	
	抵抗負荷	誘導負荷
AC 250 V	10 A	7 A
DC 125 V	0.6 A	0.3 A
DC 250 V	0.3 A	0.15 A

表2.1では3通りの定格電圧が示されている.

交流では,AC 250 V が印加できる上限である.スイッチは機械的に接点を閉/開して,回路をオン/オフする.オフする瞬間は,それまで接触していた接点が開き始める.ところが,空気の絶縁耐力は距離に比例するため,接点の隙間が狭いときは,低い電圧でもスパーク(放電)が生じる.スパークが大きければ,接点はダメージを受ける.このため定格電圧として,接点に印加できる電圧上限を定めている.もちろん定格電圧・電流以下で生じるわずかな放電では,スイッチは耐久性を損なわないように設計されている.

また,スイッチの接点には数十〜数百 mΩ とわずかであるが抵抗がある.抵抗に電流を流せば発熱する.過大な電流を流せば発熱によって周囲の構造が溶けて変形し,最悪の場合には発煙,発火するかもしれない.このため接点に流せる最大の電流,つまり定格電流が決められている.

定格電流には抵抗負荷と誘導負荷の2種類が示されている.誘導負荷とは,モータやソレノイドなど,コイルに電流を流して動作させる機器である.詳しくは2.2.4項で説明するが,コイルは電流をオフにする瞬間に電圧が発生する.このため接点離断時のスパークが大きくなる.このスパークによるダメージを考慮して,誘導負荷時の定格電流は制限されている.

さて,表2.1の中段および下段は,直流電圧の場合である.抵抗負荷では,

DC 125 V までは 0.6 A, DC 250 V までは 0.3 A と, 交流に比べ接点電流が制限されている。これはスイッチがオフされる瞬間のスパークと関係する。

放電は, 一度始まると継続する性質がある。大きな放電が起こると接点が離れても放電が続き, 電流が流れ続けてスイッチをオフできなくなることがある。交流であればプラスとマイナスが切り替わる瞬間に, 電圧が 0 V となって放電は止まるが, 直流では電圧が持続しているため放電が止まりにくい。このため交流電源用に設計されたスイッチでは, 直流の定格電流は交流に比べ 1/7 〜 1/20 程度に制限される。誘導負荷では, 負荷（コイル）に生じる電圧が加わるため, 定格電流はさらに制限される。

スイッチを選択するときには, 負荷起動時の電流も考慮しなければならない。ほとんどの回路では電源投入時に, コンデンサの充電のため定常時よりも大きな電流が流れる。正確には計測しなければわからないが, 3〜5 倍流れることもある。スイッチの定格は, 起動から停止までのあらゆる条件下での電圧や電流について, 定格の 1.2 倍以上の余裕を確保する。

なお, スイッチの故障モードは, 接点が欠損あるいは炭化することによってスイッチがオンしなくなる場合と, 接点が溶着してオフできなくなる場合の両方がある。

表 2.2 にスイッチの機械的・電気的特性項目を示す。

スイッチは開離時のアーク放電（空間を流れる大電流）によって接点が消耗する一方, 空気中の窒素酸化物や硫化物が接点を酸化や硫化させることによっ

表 2.2 スイッチの機械的・電気的特性項目

項 目	内 容
許容操作速度	オン/オフ操作速度の上限
許容操作頻度	単位時間内にスイッチを動作させる回数の上限
耐久性	定格負荷時に保証される動作回数
絶縁抵抗	各端子間（非接続）, 端子とケースの間の抵抗値
接触抵抗	端子間（接続時）の抵抗値
耐電圧	非接続端子間に印加されても絶縁破壊を起こさない電圧
最小適用負荷	接触不良を起こさないための最小電圧・電流値

てできる絶縁被膜を，微細なアーク放電によって破壊し接点の機能を保つようにも設計されている．このため，最小適用負荷以下の電圧または電流で使用すると，絶縁被膜を破るだけのアーク放電が発生せず，長期使用中に接触不良を起こす可能性がある．

例えば，定格 DC 30 V，0.1 A，最小適用負荷 DC 5 V，1 mA のスイッチであれば，図 2.2 に示す電圧・電流範囲で使用する（適用電圧が DC 5 V を超えるときには，電圧×電流≧5 mW となる）．

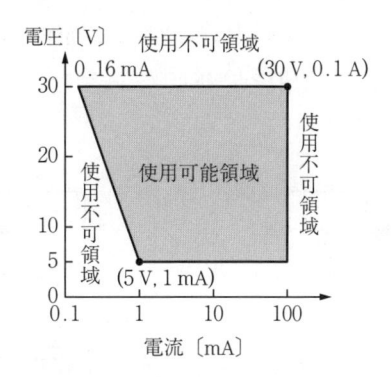

図 2.2 スイッチの使用電圧・電流範囲

定格電流が数アンペアもある電力用のスイッチを，0.1 mA も流れないマイコンへのスイッチ入力などに使用しては，格好も悪いが電気的にもよくない．信号レベルの小さな回路には，微小電流に適したスイッチを用いる．

2.2 リ　レ　ー

2.2.1 リレーの構造

図 2.3 は，リレーを使って DC モータをオン/オフする回路である．リレー（relay）は電気信号によって動くスイッチであり，その名のとおり信号を受けて他の信号を切り替える．

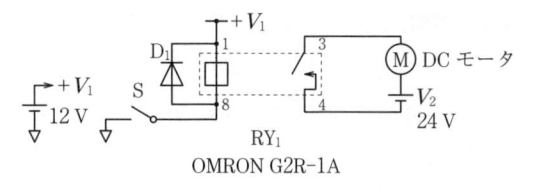

図 2.3 リレーを用いた DC モータオン/オフ回路

図 2.4 にリレーの構造を示す。リレーは操作コイルと，コイルによって開閉（切替）する接点から構成される。操作コイルに電流を流さない状態（復帰状態）では，鉄片（armature）は復帰ばねによって操作コイルから離れた状態にある。可動接点（COM）は常閉接点（NC）に接触し，常開接点（NO）とは離れている。

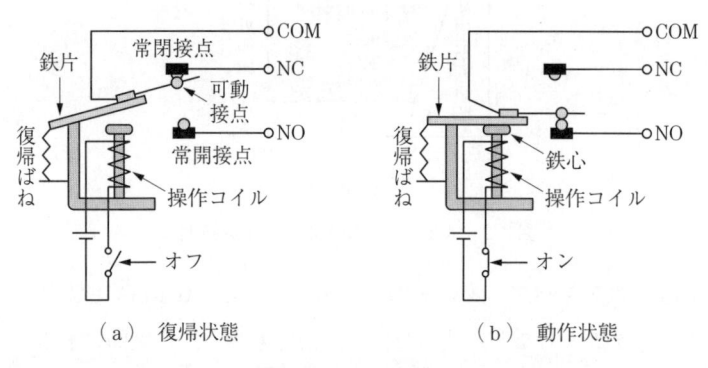

（a）復帰状態　　　　　（b）動作状態

図 2.4 リレーの構造

操作コイルに電流を流すと鉄心が磁化され，鉄片が鉄心に引き付けられる（動作状態）。可動接点は NC 接点から離れて NO 接点に接触する。操作コイル電流を止めると，復帰ばねによって鉄片は元の位置に戻る。

リレーは，可動接点を動作させるわずかな電流で，大電流接点をオン/オフする。大電流が必要なモータが離れて設置されているとき，電流を流すために太い電線を敷設するとコストを要する上に，電線の抵抗による損失も大きくなる。リレーを使えば離れた位置からわずかな電流でリレーコイルを操作し，モータをオン/オフできる。（**図 2.5**（a））。あるいは大きな電流を出力できな

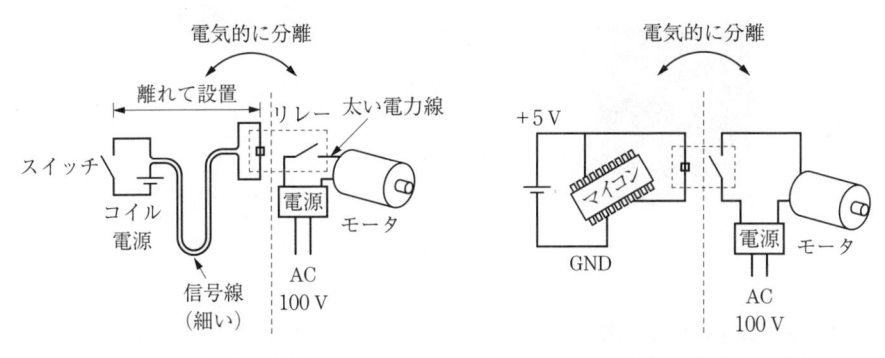

　　　　(a) 離れている場合　　　　(b) マイコン回路と電気的に分離する場合

図 2.5　リレーによるモータオン/オフ

いマイコンからモータを駆動する場合にも，リレーは便利である（図(b)）。

　図 2.5 の回路は，いずれもリレーコイル回路とモータ回路は別々の電源で動き電気的にも分離されている。特に図(b)のマイコン回路では，モータノイズやモータ回路電流の変化に起因する電圧変動が引き起こすマイコンの誤動作を防止する。マイコン回路とモータ回路の電気的分離に，リレーは有用である。

　リレーにもスイッチと同じく 1 極と 2 極があり，また接点も a 接点，b 接点，c 接点がある。定格電流も数 mA の微小電流を切り替える小信号用から，数十～数百 A の電力用まで多種類が販売されている。

2.2.2　コ　イ　ル

　コイルは**図 2.6**に示すように，電線をぐるぐると巻いたパーツである。電線をループにして電流を流すと磁界を発生する。電線がどれだけの磁界を発生させるかを表すパラメータを**インダクタンス**と呼ぶ。単位は H（ヘンリー）である。インダクタンスが大きいほど，電流が発生する磁界は強くなる。

　図 2.7にコイルの回路図記号を示す。なお，日本でコイルと呼ばれる素子は，英語では inductor と呼ぶ。以前は英語でも coil と呼ばれていたが，現在ではあまり使われない。

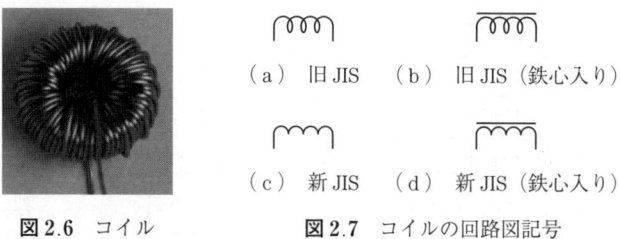

(a) 旧 JIS　(b) 旧 JIS（鉄心入り）

(c) 新 JIS　(d) 新 JIS（鉄心入り）

図 2.6　コイル　　　　図 2.7　コイルの回路図記号

2.2.3　コイルの逆起電力

コイルには，電流の時間変化 $\Delta i/\Delta t$ を妨げる性質がある。これを**図 2.8** の回路で考えてみる。

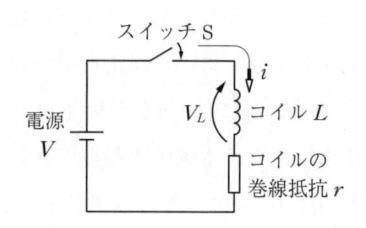

図 2.8　コイルの電圧と電流

スイッチ S をオンにした瞬間，コイルには，電源電圧 V 〔V〕が印加される。このとき，コイルには電流 i〔A〕が流れ始めるが，同時にコイルは磁界を発生する。その磁界による**電磁誘導（自己誘導）**によって電流をせき止める方向に逆起電力 V_L〔V〕を生じる。コイルのインダクタンスを L〔H〕とすれば

$$V_L = L\frac{\Delta i}{\Delta t} \quad \text{〔V〕} \tag{2.1}$$

この V_L とコイルの巻線抵抗（内部抵抗）r〔Ω〕に生じる電圧 ri が電池の電圧 V と釣り合う。

$$V = L\frac{\Delta i}{\Delta t} + ri \quad \text{〔V〕} \tag{2.2}$$

微分方程式を解けば，電流の時間的変化 $i(t)$ が求められる。

$$i(t) = \frac{V}{r}\left(1 - e^{-\frac{r}{L}t}\right) \quad \text{〔A〕} \tag{2.3}$$

時間がたてば，電流は

$$i(\infty) = \frac{V}{r} \quad [\text{A}] \tag{2.4}$$

で一定となる。

2.2.4 コイルオフ時の誘導起電力

つぎに (V/r) の電流が流れている状態からスイッチSをオフにするときを考える。コイルに電流を流しているときには磁界が発生して，コイルは電磁石となっている。電流が減少しようとすると磁界が減少するために，コイルは電流を流し続けようとする方向，すなわち印加されていた電圧とは逆の方向に誘導起電力を生じる。

誘導起電力の大きさは，式 (2.1) と同じで向きが逆となる。もしもスイッチがオフになった瞬間に電流が0となるなら，$\Delta i / \Delta t = \infty$ となり，無限大の誘導起電力が発生することになる。

しかし現実には，スイッチが離れようとした瞬間に接点の間に放電電流（スパーク）が生じ，瞬間的には電流は0に減少しない。したがって誘導起電力も無限大の電圧とはならない（**図 2.9**）。例えば電源電圧 $V = 12$ V，コイルインダクタンス 3 000 mH，コイル巻線抵抗 200 Ω のとき，スパークが 1/100 秒で消失するとすれば

$$\frac{\Delta i}{\Delta t} = \frac{12/200}{0.01} = 6 \tag{2.5}$$

であるから

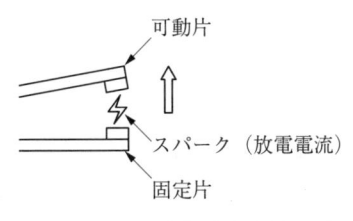

図 2.9　スイッチ接点（離断時）に生じるスパーク

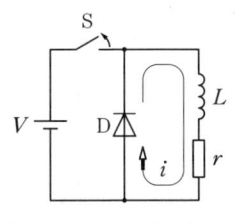

図 2.10　サージ吸収用ダイオード

$$V_L = -L\frac{\Delta i}{\Delta t} = -3 \times 6 = -18 \text{ V} \tag{2.6}$$

であり，コイルには電源電圧 V を超える逆向きの電圧が生じる。

この誘導起電力は電圧ノイズとなり，他の回路に影響を及ぼすことがある。このため，起電力を操作コイルに流すサージ吸収用ダイオードDを用いる（図 2.10）。

図 2.11 にダイオードの動作を示す。ダイオード（4.2.1 項で詳しく説明する）は，順方向に電圧が印加されれば電流を流すが，逆方向の電圧では流さない素子である。図 2.10 のスイッチSがオンの状態では，操作コイルと同じ電圧 V がダイオードDに印加されるが，逆方向であり電流は流れない。オフになった瞬間にコイルに発生する誘導起電力は，ダイオードの順方向である。誘導電流 i はダイオードDを流れるため，スイッチSに電源電圧 V を超える電圧は加わらない。誘導電流 i は，コイルの抵抗 r で熱となる。

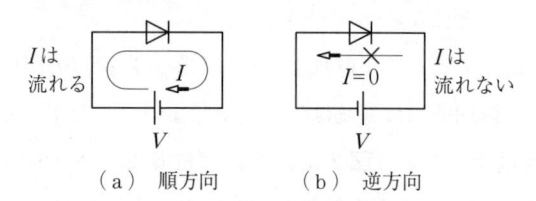

（a）順方向　　（b）逆方向

ダイオードは一方向にしか電流を流さない

図 2.11　ダイオードの動作

スイッチSをオフした瞬間の電流 i は近似的に

$$i(0) = \frac{V}{r} \text{ [A]} \tag{2.7}$$

であり，その後は

$$i(t) = \frac{V}{r}\left(e^{-\frac{r}{L}t}\right) \text{ [A]} \tag{2.8}$$

となる。上記のコイルであれば，$i(0) = 60\text{ mA}$ である。2 倍の余裕を見込んでダイオードDは，非繰返しピーク電流に 120 mA 以上流せるものを使用する。

2.2.5 ショートブレーキ

図 2.12 のように，c 接点リレーを使用し，オフ時にはモータ端子をショート（短絡）する接続を**ショートブレーキ**（短絡制動）と呼ぶ。

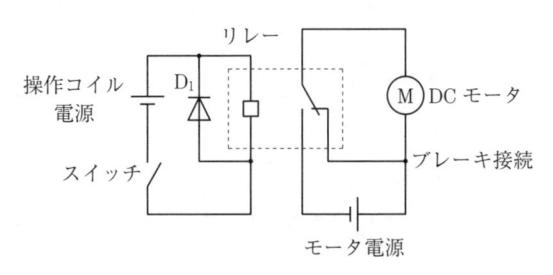

図 2.12 ショートブレーキ回路

DC モータは，軸を回転させるとコイルに起電力（電圧）が生じ，発電機として働く。コイルを短絡すると，起電力によって電流が流れるが，この電流は回転とは逆の方向に軸を回す（止める）力として働く。これによって電源オフ時のモータ軸の制動を高める。

2.2.6 リレー使用上の注意

図 2.13 にオムロン G2R リレーの外形と内部接続を示す[1] †。G2R には 1 極 c 接点（G2R-1），2 極 c 接点（G2R-2）ほか a 接点もあり，操作コイルも AC，DC それぞれ多種の定格電圧が用意されている。

G2R-1 の操作コイルは 1 番と 5 番端子間である。G2R のコイルに極性はなく，どちらにプラスをつないでもよい。なお，リレーによっては操作コイルの極性が指定されるものもある。操作コイルに電流を流さないときには，4 番端子 COM と 2 番端子 NC が導通し，操作コイルに電流を流すと 4 番端子 COM は 3 番端子 NO と接続される。

G2R-2 は 2 回路の c 接点であり，操作コイルによって 2 回路が同時に動作する。ただしリレーは機械的な接点であり，ごくわずかだがタイミングのずれ

---

† 肩付き数字は，巻末の引用・参考文献番号を表す。

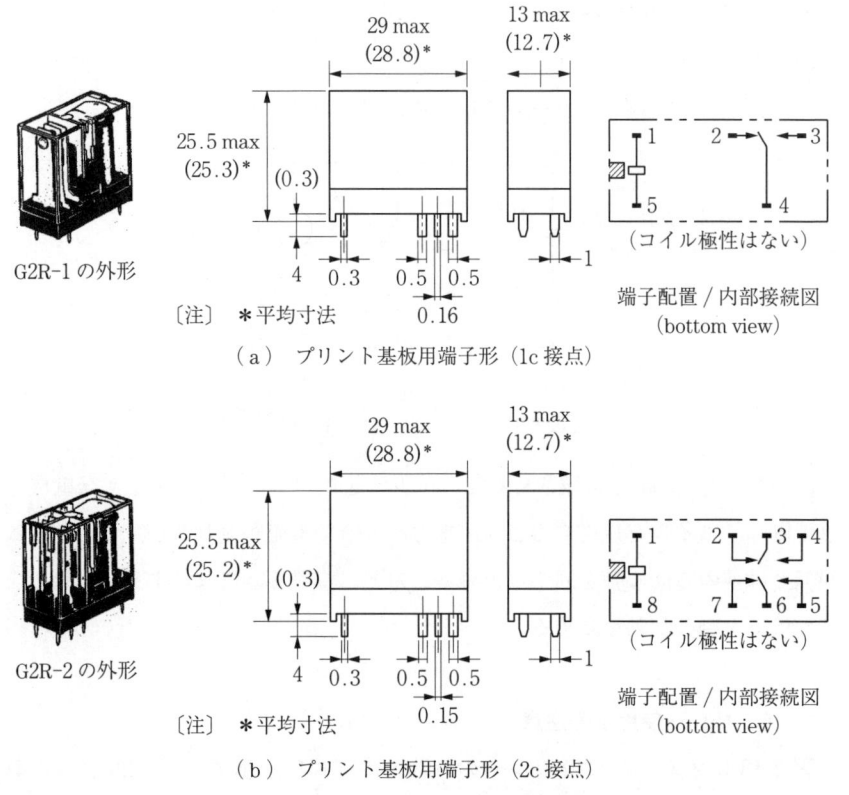

2. リレーを用いたモータ駆動回路

図 2.13 G2R リレーの外形と内部接続（単位：mm）[1]

(a) プリント基板用端子形（1c 接点）

(b) プリント基板用端子形（2c 接点）

がある．後述するように電源極性の切替に使用するときなど，タイミング差が問題とならないように用いる．

　ところで，リレー操作コイルも電流が流れている間はエネルギーを蓄えており，切った瞬間に逆起電力が発生する．このため図 2.3 および図 2.12 のいずれの回路も操作コイルと並列にダイオード D_1 を用いている．

ティータイム

top view と bottom view

図に基板とピン配置図を示す．同じ部品のピン（足）であっても2通りのピン配置図がある．top view は部品の上面からの図であり，プリント基板にパーツを差し込む側（部品面）から見た図である．bottom view は，基板のはんだ面から見た図である．間違えると部品を壊すことになるので注意すること．

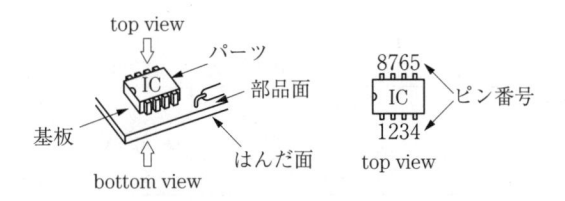

図　top view と bottom view

2.2.7 リレーの定格

G2R リレー開閉部（接点部）定格を**表 2.3** に示す．以下，1 極（G2R-1）について説明する．

定格負荷は，接点の性能を定める基準値であるが，接点をオン/オフできる最大の電圧と電流の組合せの目安である．原則として，定格負荷以上の電圧や電流をオン/オフしないように使用する．スイッチ接点と同じ理由から，誘導負荷の定格電流は直流負荷に比べ小さく，直流の定格電圧は交流に比べ低く制限されている．

最大通電電流は，連続して接点に流せる電流値である．誘導負荷であっても接点をオフしなければ 10 A 流してよい．

接点電圧の最大値はオン/オフできる最大電圧である．接点電流の最大値はオン/オフできる最大電流である．さらに電圧と電流の積が，開閉容量の最大値として定められている．絶対にいずれの値も超えてはならない．

例えば抵抗負荷では，AC 380 V まで使用できるが，このときの最大開閉電流は，$2\,500\,\mathrm{V\cdot A}/380\,\mathrm{V} \approx 6.5\,\mathrm{A}$ となる．同様に直流も DC 125 V まで使用で

表2.3 G2R接点部定格[1]

分類		基準形 タブ端子形（1極タイプ）			
極数		1極		2極	
項目	負荷	抵抗負荷	誘導負荷	抵抗負荷	誘導負荷
接触機構		シングル			
接点材質		Ag 合金			
定格負荷		AC 250 V, 10 A DC 30 V, 10 A	AC 250 V, 7.5 A DC 30 V, 5 A	AC 250 V, 5 A DC 30 V, 5 A	AC 250 V, 2 A DC 30 V, 3 A
定格通電電流		10 A		5 A	
接点電圧の最大値		AC 380 V, DC 125 V			
接点電流の最大値		10 A		5 A	
開閉容量の最大値 （参考値）		AC 2 500 V·A DC 300 W	AC 1 875 V·A DC 150 W	AC 1 250 V·A DC 150 W	AC 500 V·A DC 90 W
故障率 P水準（参考値＊）		DC 5 V, 100 mA		DC 5 V, 10 mA	

〔注〕 ＊この値は開閉頻度120回/minにおける値。

き，このときの最大開閉電流は 300 W/125 V＝2.4 A となる。

なお，ここで交流電力の単位は W（ワット）ではなく V·A（ボルト・アンペア）となっている。V·A は電圧と電流の積であり，皮相電力という。交流は電圧と電流の極性変化が時間的にずれる（位相差 ϕ）ため，V·A に力率 $\cos\phi$ を掛け算しなければワットにはならない。しかし $\cos\phi$ は1以下の値であるから，V·A はワットで生じ得る最大値となる。

G2R-1 リレーの使用範囲を示したグラフが**図 2.14** である。リレーは，接点電圧の最大値，接点電流の最大値と開閉容量の最大値で囲まれる五角形の範囲内で使用する。

表2.3 の最下段には故障率が示される。これは DC 5 V, 100 mA を加えた状態で毎分 120 回オン/オフを繰り返したとき，信頼水準 60 % で，1 000 万回に1回の故障確率であることを意味する。毎日 100 回オン/オフするリレーが 100 個並んでいたとすると，3 年の間に 1 個が故障する程度である。つまり，リレーはきわめて信頼できる部品である。

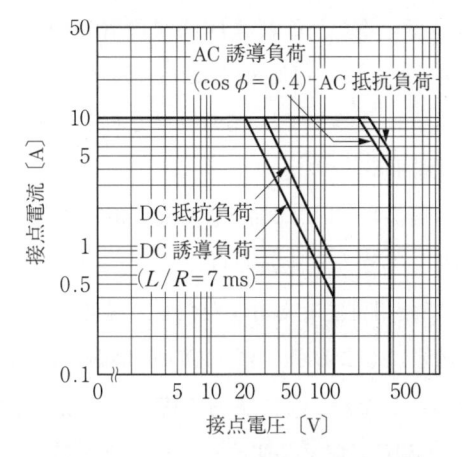

図 2.14 G2R-1 リレー開閉容量の最大値[1]

表 2.4 に G2R リレー操作コイル定格を示す。AC 12 V から 200 V, DC 5 V から 100 V と多種の操作コイルが用意されている。

表 2.4 G2R リレー操作コイル定格[1]

項目 定格電圧〔V〕	定格電流〔mA〕 50 Hz	60 Hz	コイル抵抗〔Ω〕	コイルインダクタンス〔H〕 鉄片開放時	鉄片動作時	動作電圧〔V〕	復帰電圧〔V〕	最大許容電圧〔V〕	消費電力〔V·A, W〕
AC 12	93	75	65	0.19	0.39	80%以下	30%以上	140% (at 23℃)	約0.9 (60 Hz)
AC 24	46.5	37.5	260	0.81	1.55				
AC 100	11	9	4 600	13.34	26.45				
AC 200	5.5	4.5	20 200	51.3	102				
DC 5	106		47	0.20	0.39	70%以下	15%以上	170% (at 23℃)	約0.53
DC 6	88.2		68	0.28	0.55				
DC 12	43.6		275	1.15	2.29				
DC 24	21.8		1 100	4.27	8.55				
DC 48	11.5		4 170	13.86	27.71				
DC 100	5.3		18 860	67.2	93.2				

コイル抵抗は DC 5 V では 47 Ω, 定格電流は 106 mA である。操作コイルも誘導負荷であるから、コイルを動作させる側のスイッチには，1.2倍の余裕を見て 127 mA 以上の誘導負荷定格電流を確保する。

動作電圧は，定格の何%より高い電圧があれば接点が動くかを示す。DC 5 V

では70％以下となっているが，これはDC5Vの70％の3.5Vあれば確実に動作することを意味する。また，復帰電圧は，定格の何％以下の電圧になれば接点が復帰するかを示す。DC5Vでは15％以上であるから，0.75Vまで下がれば確実にコイルは復帰する。

最大許容電圧は，操作コイルに印加できる最大電圧である。外気温30℃（表ではat 23℃となっているが，別途定められている）以下であればDC5Vに対し170％の8.5Vまで使用可能である。ただし，温度が上昇すれば許容電圧は小さくなる。実装状態にもよるが，ケースの中の温度は外気温より10～20℃高くなることもある。したがって，室内で使用する機器であっても最高気温40℃に20℃を加えた60℃に耐えるように設計する。データシート[1]によれば60℃での許容電圧はDCでは125％，ACでは118％である。DC5Vでは6.25V以下で使用する。なお，G2Rリレーの使用上限温度は70℃である。

2.2.8 サージ吸収用ダイオードの選定

サージ吸収用ダイオードD_1にも，操作コイルと同じ電圧が加わる。電源電圧は外部ノイズなどによって変動するので，印加電圧の2倍（10V）以上の耐圧（ピーク繰返し逆電圧）のものを選定する。また，操作コイルオフの瞬間には，コイル電流がD_1へ流れ込む。非繰返しピーク電流は2倍以上の余裕を確保する。DC5Vの操作コイルでは，106 mA×2より212 mA以上とする。例えば，1N4148（**表2.5**）などを使用する。

表2.5　1N4148 絶対最大定格[2]

記号	項目	定格	単位
V_{RRM}	ピーク繰返し逆電圧	100	V
I_O	平均整流順電流	200	mA
I_F	平均直流順電流	300	mA
i_f	繰返しピーク順電流	400	mA
I_{FSM}	非繰返しピーク電流 パルス幅=1.0 s パルス幅=1.0 μs	1.0 4.0	A A
T_J	動作温度	-65～+175	℃

2.2.9 ラッチングリレー

G2R リレーには，図 2.15 に示す 2 巻線ラッチングリレー G2RK がある．図 2.16 に 2 巻線ラッチングリレーの構造と動作を示す．このタイプではセット，リセットの二つの操作コイルがある．また鉄心も磁化されやすい材料を用いている．

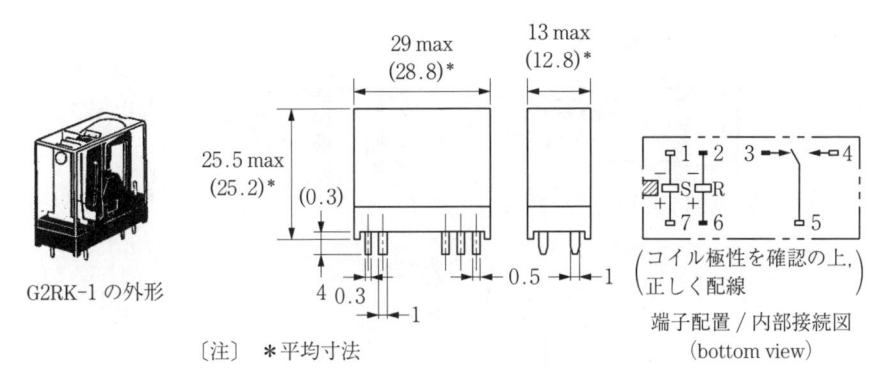

G2RK-1 の外形

〔注〕 ＊平均寸法

（a） 2 巻線ラッチング形（1c 接点）G2RK-1

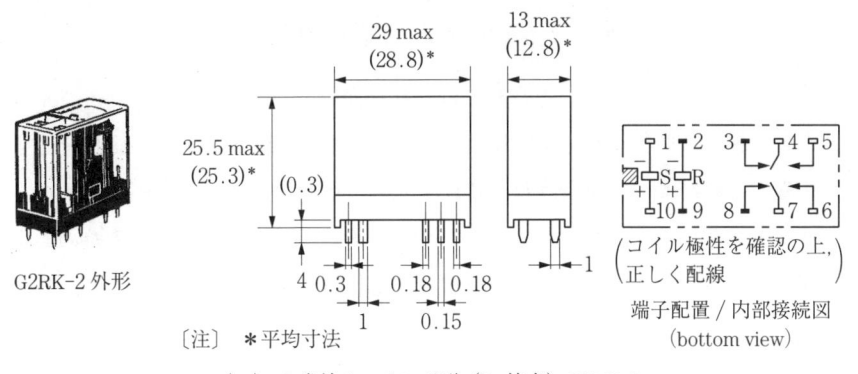

G2RK-2 外形

〔注〕 ＊平均寸法

（b） 2 巻線ラッチング形（2c 接点）G2RK-2

図 2.15　2 巻線ラッチングリレー G2RK（単位：mm）[1]

セットコイル S に電流を流すと電磁石が磁化され，鉄片が鉄心に引き寄せられる（図①）．ここまではふつうのリレー（単安定リレー）と同じである．ここでラッチングリレーは鉄心が磁化されるため，セットコイルの電流を取り

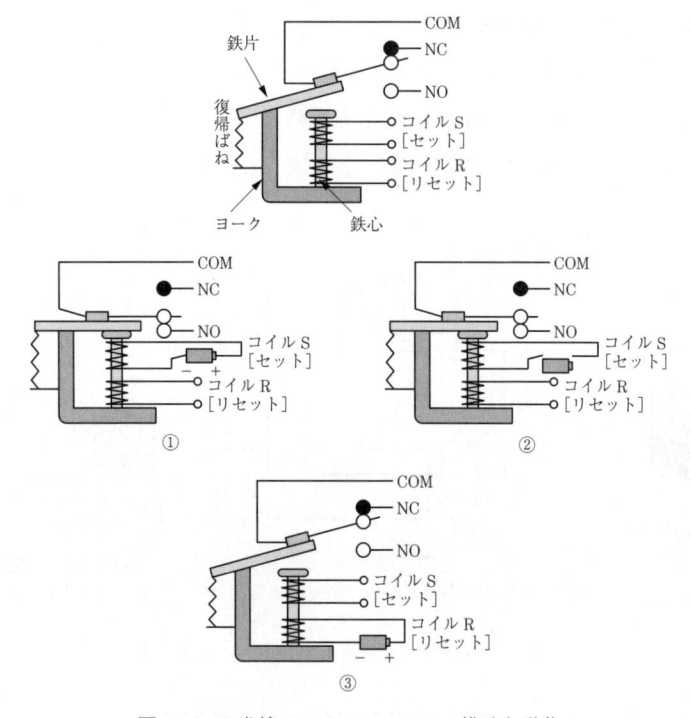

図 2.16 2巻線ラッチングリレーの構造と動作

除いても，鉄片は鉄心に引き寄せられた状態が続く（図②）。リセットコイルRはセットコイルとは逆方向に巻かれてあり，電流を流すと鉄心の磁化を減少させる。これによって復帰ばねが鉄片を元の位置に復帰させる（図③）。

ラッチングリレーは切替時に電力を必要とするが，状態を保持するための電流は不要である。このため，電源を切っても状態を保持したままとなり，省エネになるが，駆動は複雑になる。

2.2.10 DCモータの正転・逆転回路

図 2.17 は，G2Rリレーを用いたオン/オフ，正転・反転切替回路である。スイッチSW_1をオンしたときリレーRY_1がオンになり，モータが回転する。また，スイッチSW_2をオンしたときリレーRY_2がオンになり，モータに供給

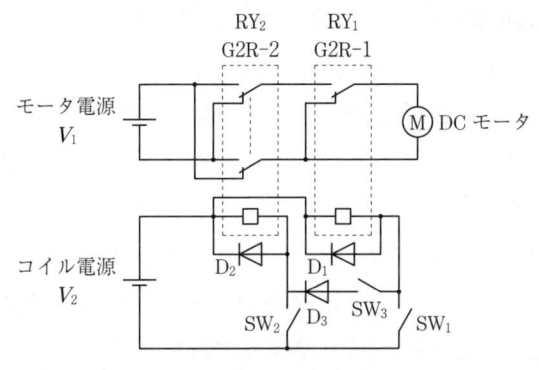

図 2.17 G2R リレーを用いたオン/オフ，
正転・反転切替回路

される電圧の極性が反転する。ただし，SW_2 をオンしただけではモータは回転しない。

つぎに，SW_3 をオン状態にする。このときも，SW_1 をオンすれば RY_1 はオンになる。ところが SW_1 はオフのままでも SW_2 をオンにすれば，RY_1 も RY_2 も動作する。つまり，SW_2 をオンにしただけでモータは逆方向に回転する。D_3 を経由して RY_1 の操作コイルにも電流が流れるためである。しかし SW_1 をオンしたときには，D_3 には電流の流れない向きに電圧が印加される。したがって D_3 に電流は流れないから，RY_1 だけが動作する。

2.2.11　してはいけない接続

ところで，正転・逆転回路切替回路は，**図 2.18** のように接続しても動作する。

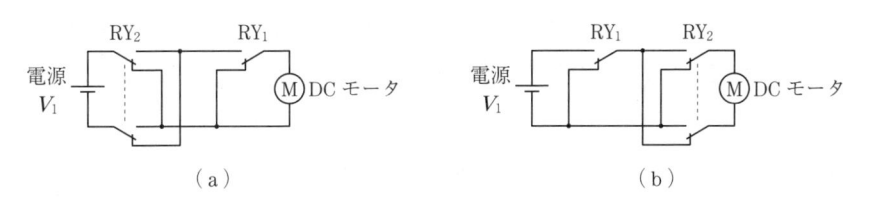

（a）　　　　　　　　　　　　　（b）

図 2.18　してはいけない接続

図（a）は極性切替リレー RY_2 の接点を入れ替えた回路である．電源が COM 側になり，モータ側に NC，NO 接点がある．図（a）の接続では，何らかの理由によって RY_2 の片方の接点が動作しなければ，あるいは開閉のタイミングがずれれば，電源 V_1 がショートする．ショートによって過電流が流れ，悪ければ発煙，発火するかもしれない．

ところが図 2.17 の接続では，接点位置がどのようになったとしても電源がショートされることはない．何らかの不測事態が生じても，必ず安全側に推移する**フェイルセーフ**設計とすることが大切である．

つぎに，図（b）は RY_1 と RY_2 の接点順序が入れ替わった回路である．この回路ではショートブレーキを用いる際に RY_2 接点を 2 回も余分に通過するため，接点の接触抵抗によってブレーキ制動が悪くなる．したがって，図 2.17 の接続を用いるべきである．

2.2.12 モータ負荷

日本電産サーボ DME37SB モータを例に負荷を考える．**表 2.6** にモータ定格を示す．定格電圧は 24 V，定格電流は 0.37 A である．

表 2.6 DME37SB モータ定格[3]

モータ機種名	定格					無負荷		停動トルク		質量
	出力〔W〕	電圧〔V〕	トルク		電流〔A〕	回転速度〔r/min〕	電流〔A〕	回転速度〔r/min〕		〔g〕
			〔mN·m〕	〔gf·cm〕					〔mN·m〕	〔gf·cm〕	
DME37SB	4.6	24	10	100	0.37	4 500	0.12	5 500	54	550	130

3 章で説明するが，DC モータは始動時に最大の電流を必要とする．始動時（トルク最大時，停動トルク）には，**図 2.19** より約 2.2 A 流れることがわかる．1 極の G2R-1 リレーの誘導負荷時の定格は 30 V，5 A である．よって，このモータのオン／オフが可能である．

なお，モータによっては電流・トルク・回転数特性が示されていないかもしれない．この場合には DC モータのトルクは巻線電流に比例することを応用して，始動トルク（停動トルク）の数値と定格トルクの数値より

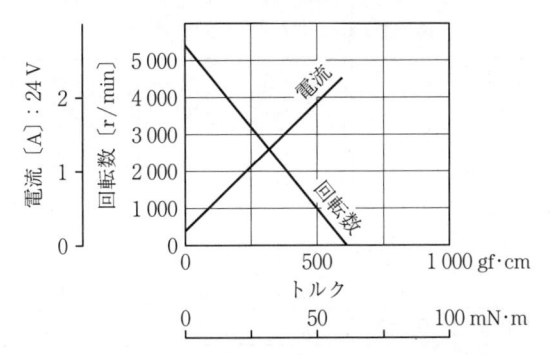

図2.19 DME37SBモータ電流・トルク・回転数特性[3]

$$始動電流〔A〕 \fallingdotseq 定格電流〔A〕 \times \frac{始動トルク}{定格トルク} \qquad (2.9)$$

として求める。DME37SBでは

$$始動電流 \fallingdotseq 0.37 \times \frac{54}{10} \fallingdotseq 2.0 \text{ A} \qquad (2.10)$$

となる。

2.3　モータ周りの配線

2.3.1　AWGとsq

表2.7に電線サイズと許容電流を示す。電線サイズはAWG（American Wire Gauge），あるいは断面積sqで表される。回路図上は電線は抵抗を持たないが，実際の電線は必ず導体抵抗を持つ。電流に応じて十分に低い抵抗値の電線を使用する。

表2.7に示された電線の許容電流は，周囲温度30℃での値である。電線は導体抵抗によって発熱するが，絶縁被覆を通して空気中へ熱を逃がす。したがって電線の許容電流は，導体面積だけでなく，絶縁体の厚さや材質によっても変化する。表には配線用としてよく使われる塩化ビニル絶縁電線UL1007（定格AC 300 V），およびポリエチレン絶縁電線UL3265（定格AC 150 V）の

表 2.7　電線サイズと許容電流[4]~[7]

AWG	直径〔mm〕	断面積〔mm²〕	導体抵抗〔mΩ/m〕	sq（JIS）	許容電流〔A〕	
					UL3265	UL1007
10	2.59	5.26	3.277	5.5	—	—
12	2.05	3.31	5.211	3.5	—	—
14	1.63	2.08	8.286	2	—	—
16	1.29	1.31	13.17	1.25	—	—
18	1.02	0.823	22.6	0.75	14.93	9.08
20	0.813	0.519	35.9	0.5	10.83	6.68
22	0.643	0.324	57.5	0.3	8.08	5.02
24	0.511	0.205	91.1	0.2	6.09	3.80
26	0.404	0.128	140	0.12	4.58	2.91
28	0.320	0.080 4	224	0.08	3.45	2.20
30	0.254	0.050 7	355	0.05	2.63	

60℃における許容電流†を示す。なお，周囲温度が上昇すれば許容電流は減少する。あるいは電線を束ねても放熱が悪くなり，許容電流は減少する。

配線には，外形が細く，はんだこてが触れても溶融しにくい UL3265 が使いやすい。30 W クラス以下のモータ配線であれば AWG 22 ～ 24，センサなどの信号線やリレー操作コイルの配線には AWG 26 ～ 28 くらいがよい。また，電線には単線とより線がある。装置内の配線やモータへの配線は，より線が曲げやすく折れにくく適している。

2.3.2　プリント基板

図 2.20 にプリント基板断面を示す。プリント基板はガラスエポキシ（または紙エポキシ）板の片面または両面に銅箔を貼った生基板から製造する。エッチングにより不要な銅箔を溶解させ，残った銅箔パターンをラインとして使用する。パターン上には腐食防止と絶縁のためにレジスト塗料が塗布される。

通常の基板の厚みは 1.6 mm，銅箔の厚みは 35 μm である。基板上の 35 μm

---

†　許容電流は引用・参考文献 5) ～ 7) を用いて住友電気工業電線仕様より求めた。

演習問題 43

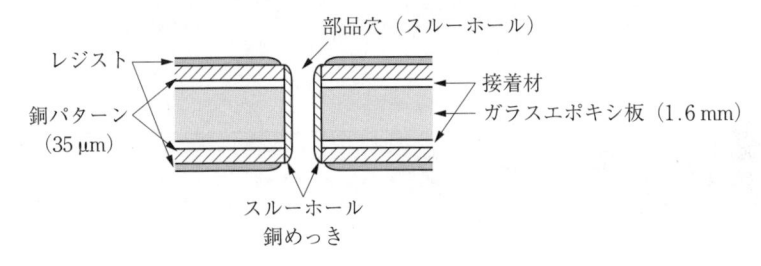

図2.20 プリント基板断面

厚の配線パターンは1mm幅で断面積0.035mm^{2}である。1m当り約0.5Ωの抵抗となる。パターンの長さにもよるが，電流は1mm幅当り0.5Aを超えないようにする。それ以上の電流となるときはパターンに電線を沿わせる。ユニバーサル基板を配線する電線も許容電流を考慮する。

[演習問題]

2.1 スイッチのa接点，b接点，c接点を説明せよ。
2.2 定常時の電圧，電流がDC 12 V，0.1 Aのセンサがある。このセンサをオン／オフする電源スイッチに求められる定格電圧，定格電流を求めよ。
2.3 誘導負荷とはどのようなものか。
2.4 直流では，交流よりも定格電流が小さくなるのはなぜか。
2.5 G2R-1リレーは，定格電圧12 V，定格電流0.78 A，始動時電流4.5 AのDCモータの始動停止に使用できるだろうか。
2.6 図2.17の回路で，SW$_3$をオンに保ち，スイッチSW$_1$とSW$_2$の両方をオンにしたらどうなるか。
2.7 2極のG2R-2リレーはDME37SBモータを定格電圧で使用するときのオン／オフに使用できるか。
2.8 あるDCモータの定格電流は2 A，定格トルクは200 mN·m，始動トルクは1 000 mN·mである。このモータの始動電流は何Aと考えられるか。
2.9 あるDCモータの定格電圧は24 V，定格電流は5 Aである。UL 3265，UL 1007それぞれの電線で使用できるAWGサイズはどれか。

3 DCモータ

　モータは電磁力によって回転運動する機械である。メカトロニクス機器にも多く使用される直流電動機（DCモータ）は，コントロールが容易なことや始動トルクが大きいことなどから，小容量装置の電動機として多く用いられる。
　3章では，DCモータを理解するために必要な知識を整理する。その上で，直流機（直流電動機・発電機）の動作原理と使用方法を解説する。

3.1 電気と磁気

3.1.1 電気とは何か

　私たちは日々電気を使っているが，その正体が何であるかを考えることはあまりない。これは，電気が目に見えないことが理由の一つであろう。しかし，稲妻が輝くときや冬の乾燥した場所で衣類を着脱するときなど，電気の存在を感じるに違いない。電池や発電所の中だけに電気があるのではない。電気は身の回りすべての物質に存在する。
　すべての物質は**原子**でできている。原子は**原子核**と，その周りを運動している**電子**によって形成されている（**図**3.1）。原子核を形成する**陽子**はプラスの電気を持ち，電子はマイナスの電気を持つ**電荷**と呼ばれる。異種類の電荷（プラスとマイナス）は互いに引き合う引力を生じ，同種類の電荷は互いに反発し合う斥力を生じる。
　通常，原子は陽子と電子の数が等しく，電気的に中性である。ところが，外部からエネルギーを加えると電子が移動して，陽子の数より電子の数が少なく

3.1 電気と磁気

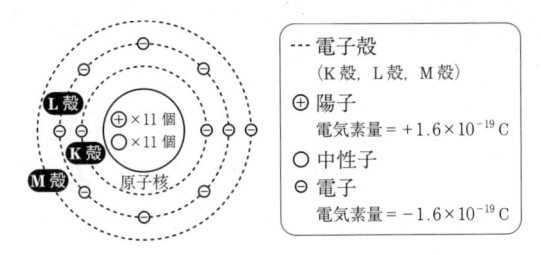

図 3.1 ナトリウム（Na）原子の構造

- - - 電子殻（K殻, L殻, M殻）
⊕ 陽子　電気素量 = +1.6×10⁻¹⁹ C
○ 中性子
⊖ 電子　電気素量 = −1.6×10⁻¹⁹ C

プラスに帯電した状態か，逆に電子の数が多くマイナスに帯電した状態になる（**図 3.2**）。このような帯電して動かない電気を**静電気**と呼ぶ。これに対して移動する電気を**動電気**と呼ぶ。冬の乾燥した場所で人体に生じる静電気は，空気との摩擦によって移動した電子の偏りが原因である。偏在する電子は，つねに

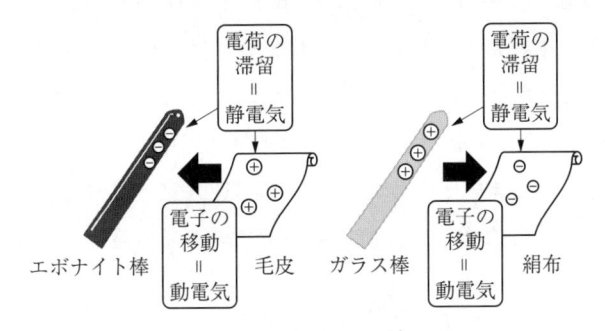

図 3.2 静電気と動電気

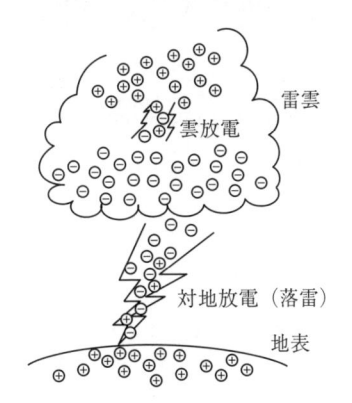

図 3.3 雷はエネルギーの放出である

元の電気的に中性な状態へ戻ろうとして，エネルギーを放出する（**図3.3**）。

本書では動電気について扱う。電流とは動電気，すなわち固体中を移動する電子である[†1]。

銅や鉄，アルミニウムや金・銀などの金属は電流が流れやすい（**導体**）。一方，ガラスやゴムなどは電流が流れにくい（**不導体**，**絶縁体**）。これらと比較して，わずかなエネルギーを外部から与えることで導体のようにも不導体のようにも振る舞う物質を**半導体**という。

外部から何のエネルギーも与えられていない金属導体中には，自由に動き回る電子（**自由電子**）が互いに反発することで偏りなく満たされている[†2]（**図3.4**）。例えば電線に使われる銅では，$1\,\mathrm{m}^3$ 中に約 8.4×10^{28} 個もの莫大な数の自由電子が存在している[†3]。断面積 $0.1\,\mathrm{mm}^2$ の電線であれば，$1\,\mathrm{m}$ 当り 8.4×10^{21} 個となる。電線に $1\,\mathrm{A}$ の電流が流れていれば，$1\,\mathrm{A}$ は1秒間に 6.24×10^{18} 個の電子が電線の断面を通過する現象であるから，電子の平均移動速度は，わずか $0.74\,\mathrm{mm/s}$ でしかない[†4]。これでは電気回路中で電流がいつまでも届かないように考えてしまいそうだが，電子は電気回路をつなぐ電線中に偏りなく満たされている。したがって，何Aの電流であっても電線の一端から流入し

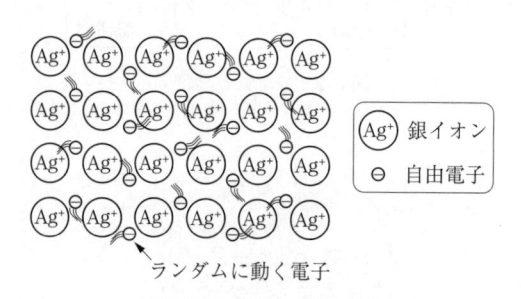

図3.4 金属導体の例（銀）

- Ag⁺ 銀イオン
- ⊖ 自由電子
- ランダムに動く電子

[†1] 液体や気体中の電流の担い手はおもにイオンであるが，ここでは省略する。
[†2] それぞれの電子はランダムな方向に動いている。
[†3] イオンとして安定な状態は Cu^{2+} であるが，金属結晶の中では大部分が Cu^+ の状態と考え，$Cu \rightarrow Cu^+ + e^-$（自由電子）とする。
[†4] 1秒間に1クーロンの電荷が断面を移動するとき1アンペア（$1\,\mathrm{A}=1\,\mathrm{C/s}$），電子の電気素量は $-1.6\times 10^{-19}\,\mathrm{C}$ である。

た電子の数と同じ数の電子が，ほぼ同時に電線のもう一端から流出する（**図3.5**）。電流の伝わる速さは電子の移動速度ではない。

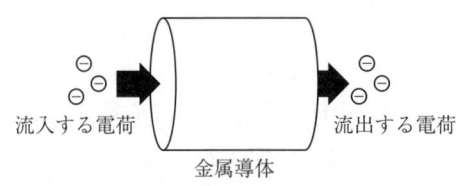

流入する電荷　　　　　　　流出する電荷
金属導体
流入する電荷の個数＝流出する電荷の個数
流入する電荷≠流出する電荷

図3.5　電子の移動と電流の関係

3.1.2　クーロン力と電界

異種類の電気に生じる引力，同種類の電気に生じる斥力を**クーロン力**という。クーロン力を及ぼし合う空間を**電界**（**電場**）という。

〔1〕　ク　ー　ロ　ン　力

真空中で電荷 q_1〔C〕と q_2〔C〕が距離 r〔m〕の位置にあるとき，この二つの電荷の間のクーロン力 F〔N〕は

$$F = \frac{1}{4\pi\varepsilon_0}\frac{q_1 q_2}{r^2} \text{〔N〕} \tag{3.1}$$

となる（**図3.6**）[†]。

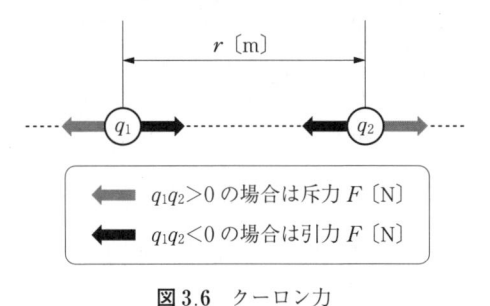

r〔m〕
q_1　　　q_2

←　$q_1 q_2 > 0$ の場合は斥力 F〔N〕
←　$q_1 q_2 < 0$ の場合は引力 F〔N〕

図3.6　クーロン力

---

† ε_0 は**真空の誘電率**。$\varepsilon_0 = 8.85 \times 10^{-12}$ F/m

ここで F〔N〕は，正のときに斥力，負のときに引力となる。式 (3.1) は，クーロン力の大きさが電荷の大きさの積に比例し，互いの距離の 2 乗に反比例することを表す。

〔2〕 **電 界 の 強 さ**

電界の強さは，式 (3.1) において $q_1 = +1$ C の電荷に対し，$q_2 = Q_0$〔C〕の電荷が及ぼすクーロン力の大きさ（**図 3.7**）として

$$E = \frac{1}{4\pi\varepsilon_0} \frac{Q_0}{r^2} \;\text{〔N/C〕} \tag{3.2}$$

と定義される。

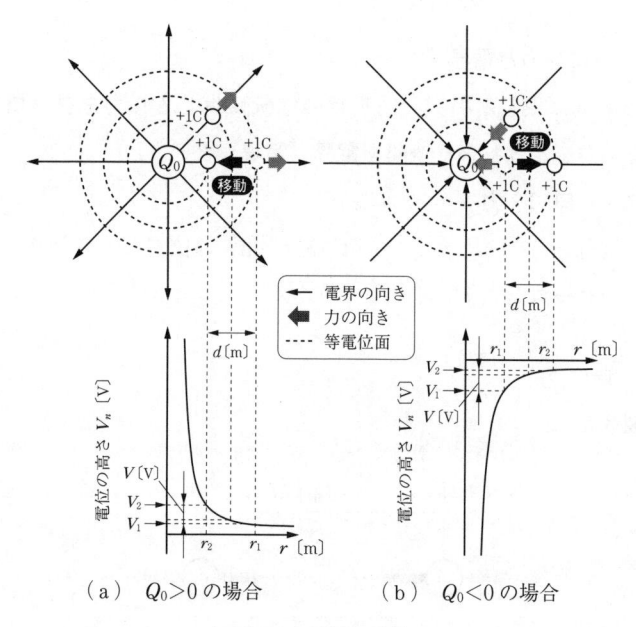

（a） $Q_0 > 0$ の場合　　　（b） $Q_0 < 0$ の場合

図 3.7　電界と電位

したがって，E〔N/C〕の電界中に存在する q〔C〕の電荷が受けるクーロン力の大きさ F〔N〕は

$$F = qE \;\text{〔N〕} \tag{3.3}$$

となる。

〔3〕 電　　位

電位は，電界を生じる Q_0〔C〕の電荷から無限遠の距離にある点を0（電位の基準点）として，E〔N/C〕の電界中にある $q=+1$C の電荷が持つエネルギーの大きさである。$Q_0>0$ の場合（図3.7(a)）は，$q=+1$C の電荷を E〔N/C〕の電界中で無限遠まで $d_{n\infty}$〔m〕移動させたときに失うエネルギーの大きさ〔J/C〕である。$Q_0<0$ の場合（図(b)）は，$q=+1$C の電荷を無限のかなたまで $d_{n\infty}$〔m〕移動させたときに受け取るエネルギーの大きさである。すなわち1J/C≡1Vとして，電位 V_n〔V〕は

$$V_n = E_n d_{n\infty} \ \text{〔V〕} \tag{3.4}$$

である。ここで E_n は Q_0〔C〕の電荷から距離 r_n〔m〕における電界である。無限遠の電界は0である。

q〔C〕の電荷がクーロン力 F〔N〕に逆らって d〔m〕移動する場合に必要なエネルギー W〔J〕は

$$W = Fd = qEd \ \text{〔J〕} \tag{3.5}$$

と表される。

図3.7のように，移動させる前の電位を V_1，移動後の電位を V_2 とすれば，**電位差** V〔V〕，または**電圧**は

$$V = V_2 - V_1 \ \text{〔V〕} \tag{3.6}$$

となる。

電位差 V〔V〕を持つ距離 d〔m〕の間に生じる電界の大きさ E〔V/m〕は

$$E = \frac{V}{d} \ \text{〔V/m〕} \tag{3.7}$$

であり，これは式(3.2)と等しく，1N/C≡1V/mである。

以上のように，電圧とは電荷を移動させる，すなわち電流を流すためのエネルギーの大きさである。

〔4〕 **電束と電気力線**

式(3.2)を

$$Q_0 = 4\pi r^2 \varepsilon_0 E = 4\pi r^2 D \ \text{〔C〕} \tag{3.8}$$

と書き表す†。式 (3.8) は，半径 r [m] の球の表面積と $D=\varepsilon_0 E$ の積である。Q_0 [C] の電荷から Q_0 [本] の**電束**が出ていると定義するとき，D [C/m²] は**電束密度**である。

電束は電荷量で決まり，電荷のある空間の媒質（真空ならば誘電率 ε_0）に無関係である。一方，真空中の空間の媒質を考慮して，プラスからマイナスに向かう Q_0/ε_0 [本] の**電気力線**を表すと，電気力線の疎密から電界の強弱が視覚的にわかる（**図 3.8**）。電荷を中心とする半径 r [m] の球の表面における電界の強さは等しい。

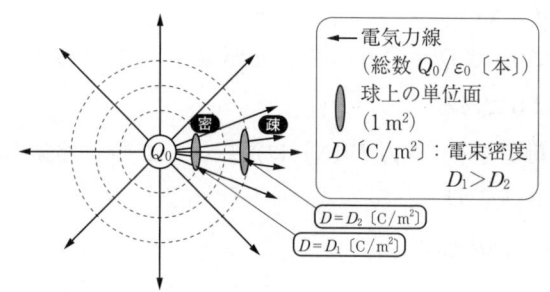

電気力線の本数は電束が貫く空間の媒質（誘電率）によって異なる

図 3.8 電気力線と電束密度（真空中）

3.1.3 磁気とは何か

物質を構成する原子間で，磁気が互いに力を及ぼし合う空間を**磁界（磁場）**という。磁石は，砂鉄や鉄釘などを引き寄せ，N 極と S 極を持ち，同極性ならば斥力を生じ，異極性ならば引力を生じる。プラスやマイナスの電荷が互いに力を及ぼし合う点で電気と磁気は似ているが，かつて電気現象と磁気現象は別々のものと考えられていた。19 世紀半ばにマクスウェルが電気と磁気の関係を整理し，今日では，電磁気学として扱われている。

---

† 一般的には，**ガウスの定理**として知られ，真空中では $\int_S E_n dS = \frac{1}{\varepsilon_0}\sum_{i=1}^{m} Q_i$ [本] で表される。空間中の閉曲面を貫く電気力線の総本数が，閉曲面内にある全電荷量を誘電率で割ったもの，または閉曲面の法線方向に対する電界の強さの総和（面積分）に等しいことを意味する。

3.1 電気と磁気

　磁気の源は，電気の運動である。すべての原子では，原子核の周りを電子が運動しているため磁界が発生する。電子自体が自転運動することによっても磁界を生じる（**図3.9**）。電気ではプラスの電気（正電荷）とマイナスの電気（負電荷）をそれぞれ独立に考え，理論上空間に点で存在するもの（点電荷）として扱うことが可能である。これに対して電気（電荷）の運動によって生じる磁界では，電荷に相当する磁荷は存在せず，つねにN極とS極が対で生じる**磁極**が存在する。

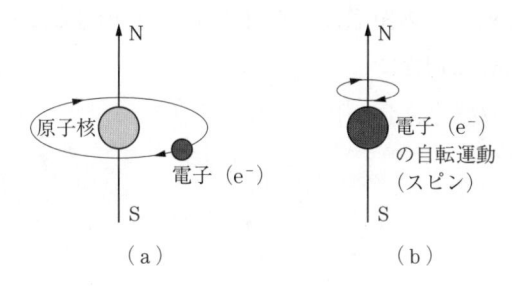

図3.9　磁界の発生

　磁石は，電子の運動が一様な方向にそろっている物体と考えられる。磁石の一端がN極であれば，他端はつねにS極となる（**図3.10**）。

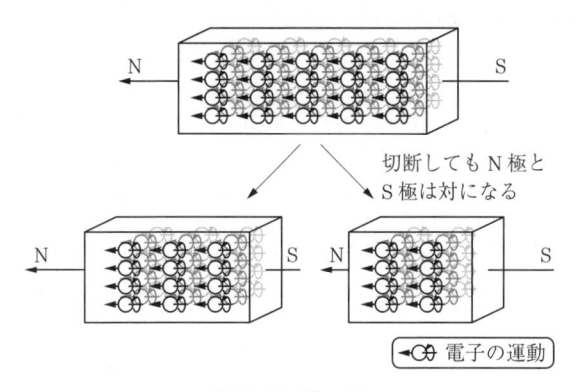

図3.10　磁石

3.1.4 磁気に関するクーロン力

磁界では磁極が互いに力を及ぼし合うが，この力は電気のクーロン力と同様に考えられる。

3.1.2項において，電荷から Q_0 〔本〕の電束が生じると定義したのと同様に，磁極から Φ 〔本〕の**磁束** Φ 〔Wb〕が生じると定義する（**図 3.11**）。電束密度 D 〔C/m²〕が電界の強さ E 〔V/m〕に比例するのと同様に，**磁束密度** B 〔T〕は**磁界の強さ** H 〔A/m〕に比例する[†1]。比例定数を μ_0 と置けば[†2]，一つの磁極から半径 r 〔m〕の距離にある面積 S 〔m²〕の球面上に生じる磁束 Φ 〔Wb〕は，式 (3.8) と同様に

$$\Phi = 4\pi r^2 \mu_0 H = BS \text{〔Wb〕} \tag{3.9}$$

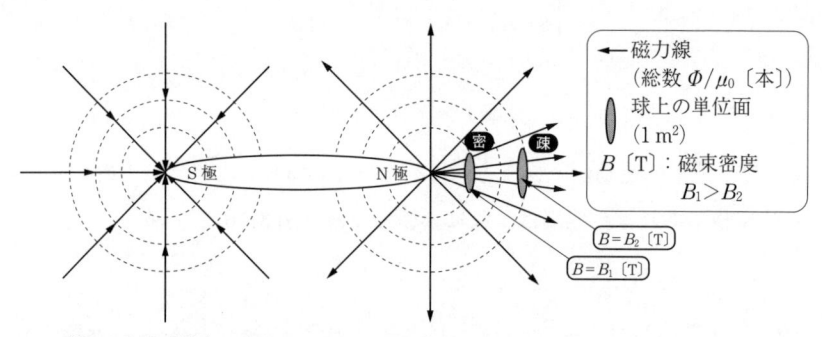

となる。

磁極は必ず「対」で表れる
磁力線の本数は磁束が貫く空間の媒質（透磁率）によって異なる。

図 3.11 磁力線と磁束密度（真空中）

電束と同様，空間の媒質を考慮した N 極から S 極に向かう Φ/μ_0 〔本〕の**磁力線**として表せば，磁力線の疎密から磁界の強弱が視覚的にわかる（図 3.11）。式 (3.9) から，r 〔m〕の距離にある二つの磁極 Φ_1，Φ_2 の間に強さが H 〔A/m〕の磁界が存在するとき，磁極間で及ぼし合う力は式 (3.1) と同様

[†1] 磁束密度の単位〔Wb/m²〕はテスラ〔T〕と表記される。電界の強さは電位差に比例するのと同様，磁界の強さは電気の運動（電流）の大きさに比例する。

[†2] μ_0 は真空の透磁率。$\mu_0 = 4\pi \times 10^{-7}$ H/m

$$F = \frac{1}{4\pi\mu_0} \frac{\Phi_1 \Phi_2}{r^2} \ [\text{N}] \tag{3.10}$$

である。F〔N〕がプラスの場合は斥力,マイナスの場合は引力となる。

3.1.5 電気と磁気の関係

距離 r〔m〕の 2 点に存在する電気(電荷)または磁気(磁極)の間に生じる力の大きさは,電気(式(3.1))ではそれぞれに存在する二つの電荷 Q_1〔C〕と Q_2〔C〕の大きさの積,磁気(式(3.10))では二つの磁極 Φ_1〔Wb〕と Φ_2〔Wb〕の大きさの積に比例し,いずれも距離 r〔m〕の 2 乗に反比例する。これを**クーロンの法則**という。

磁気が電気の運動(電流)により生じることは,言い換えれば電流が 0 であれば磁気が存在しないことを示している。逆に,磁石などを使って磁気の変化が与えられた場合,電気の運動,すなわち電流を生じる。磁気の変化が存在する空間中に導体を置くと,導体中の電荷(電子)が運動する。このような電気と磁気のかかわりは

$$\sum I = \oint H \, dl \tag{3.11}$$

で表される。これは**アンペールの周回積分の法則**「電流の総和と磁界の周回積分は等しい」として知られている[†1]。

さて,式(3.11)の右辺は微小区間 Δl〔m〕における磁界 H〔A/m〕の線積分である(**図 3.12**)。式(3.11)は,左辺が電気の要素である電流,右辺が磁気の要素である磁界であり,電気と磁気のかかわりを示している。

これら電気と磁気の方向については決まった関係があり,**アンペールの右ねじの法則**「右ねじを電流の方向にねじ込むとき,ねじの回転する方向が磁界の向きと一致する[†2]」として知られている(**図 3.13**)。この法則は,「右ねじを磁界が増加する向きにねじ込むとき,ねじの回転する方向が電流の向きと一致

[†1] 一つの平面上における磁界の強さを,平面上で閉じる(閉曲線になる)ように線積分すると,閉曲線で閉じた面を通過する法線方向の全電流の大きさと等しくなる。
[†2] 導体を流れる電流の向きは,電子の移動方向の逆向きを正方向として定義される。

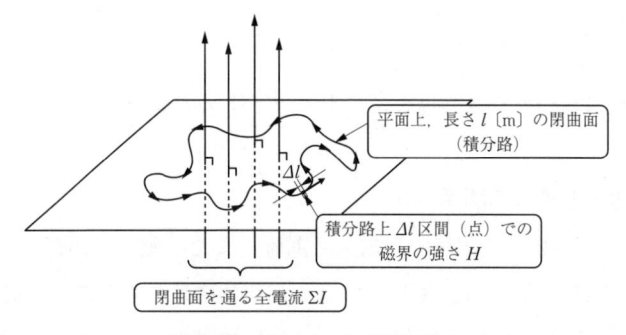

図 3.12 アンペールの周回積分

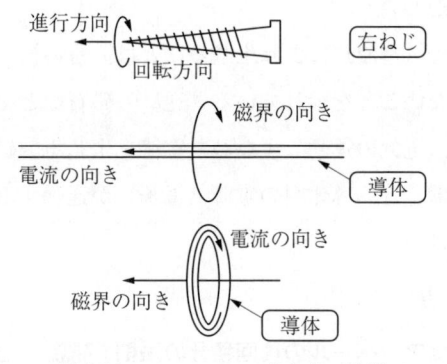

図 3.13 アンペールの右ねじの法則

する」ともいえる。

3.2 電動機を回す基本法則

　電界と磁界を操作することで，その空間中に置かれた導電性の物体（回転子）に生じる力を利用して，回転子を連続して回す機械が電動機である。**図 3.14**のように，電界 E [V/m] は電位差 V [V] の存在する空間に生じ，この電位差を**起電力**という。同様に，磁界 H [A/m] は電流 I [A] の存在する空間に生じ，この電流を**起磁力**という。

　DC モータは，回転子を連続して回転させるために，バッテリーなどの直流

3.2 電動機を回す基本法則

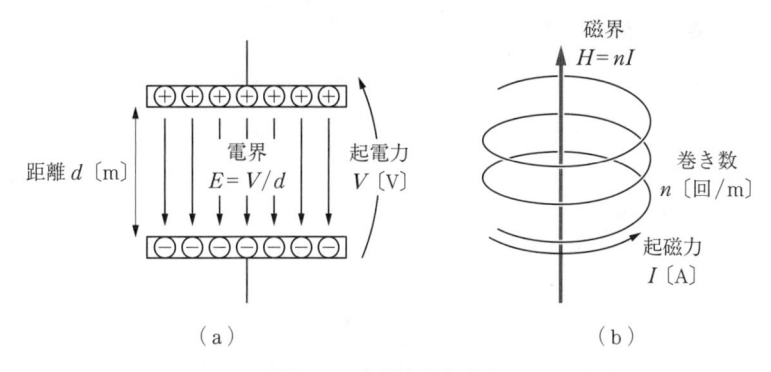

図3.14 起電力と起磁力

電源を用いる．バッテリーを接続した回路では電圧によって電界が生じる（図3.15）．この電界の向きに沿って流れる電流（起磁力）によって生じた磁界は，空間中に存在する外部の磁界との間で力を生じる．DCモータでは，この力が連続して回転子を回す．

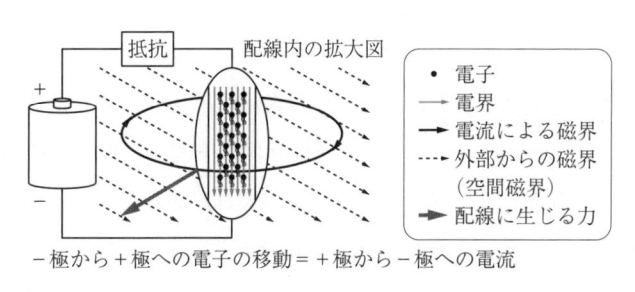

図3.15 電流が生じる磁界と配線に生じる力

本節では電動機を回転させるための基本法則について解説する．実は発電機も電動機と同じ構造であるため，動作原理は同様に説明できる．発電機では，磁界中に置かれた導電性の回転子を外部から力を加えて連続回転させることで，回転子に対する磁界を変化させ，回転子内部に電荷の移動を生じさせて起電力（電圧）を発生する．すなわち電動機や発電機は，電圧（電界）と電流（磁界）を利用して電力エネルギーと運動エネルギーを変換する機械である．

3.2.1 電　磁　力

図 3.16 に示すように，磁束密度 B〔T〕の一様な磁界中に長さ l〔m〕の直線導体を置き，I〔A〕の電流を流すと図の向きに力 F〔N〕を生じる。この力は**電磁力**と呼ばれ，その大きさは

$$F = IBl \quad \text{〔N〕} \tag{3.12}$$

と表される。

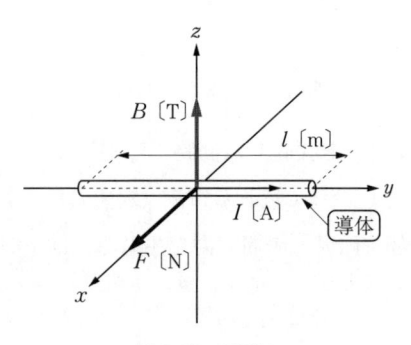

図 3.16　電磁力

電磁力が生じる向き[†]は，アンペールの右ねじの法則によって説明される。図 3.17 のように電流が流れた場合，直線導体の下側では電流によって生じた磁束が合成されることで磁界は強まり，上側では磁束が打ち消し合うことで磁界は弱まる。この結果，直線導体では磁界の強さを均一に保とうとして，上向

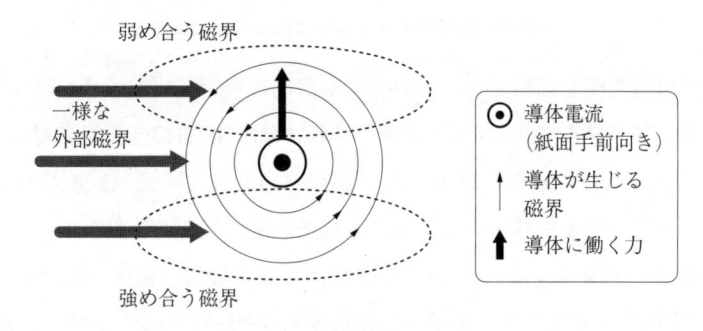

図 3.17　導体電流に生じる力

[†]　フレミングの左手の法則として知られている。

3.2 電動機を回す基本法則　　　　　　　　57

き方向の力が生じる．

3.2.2 電 磁 誘 導

図 3.18 に示すように，磁束密度 B 〔T〕の一様な磁界中に長さ l 〔m〕の直線導体を置き，図の向きに v 〔m/s〕の速さで移動させると，右向きに電圧 V_E 〔V〕を生じる．この現象を**電磁誘導**という．発生する電圧は**誘導起電力**と呼ばれ，その大きさは

$$V_E = vBl \text{〔V〕} \tag{3.13}$$

となる．

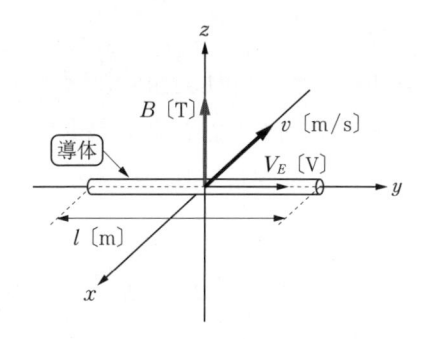

図 3.18　誘導起電力

誘導起電力の生じる向き[†]は，電磁力の発生原理から説明される．図 3.19（a）のように空間中を直線導体が移動する場合，直線導体内部の自由電子は x 軸のマイナス方向へ移動するため，x 軸のプラス方向に電流が流れたと考えられる．図（b）のように一様な磁界中を移動する場合は，自由電子に y 軸のマイナス方向の電磁力が働き，電子の分布に偏りが生じる．これは，y 軸のプラス方向に生じる誘導起電力である．

[†] フレミングの右手の法則として知られている．

(a) 空間を移動する導体
（空間磁界なし）

(b) 空間を移動する導体
（空間磁界あり）

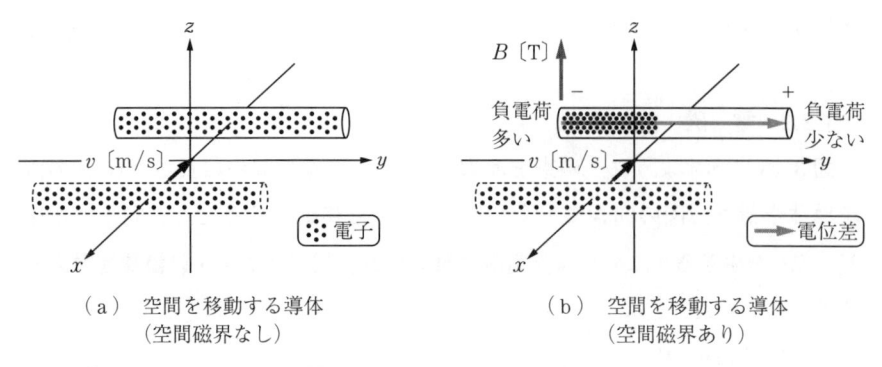

図 3.19 電子の移動と電位差

3.2.3 電動機と発電機

図 3.20 に，電磁力と電磁誘導を比較した図を示す。図 (a) では，導体に電流 I 〔A〕を流すと，導体に左向きの力 F 〔N〕が生じる。図 (b) では，図 (a) と同様な向きの磁界中を右向きに v 〔m/s〕で移動することによって，下向きに起電力 V_E 〔V〕を生じる。

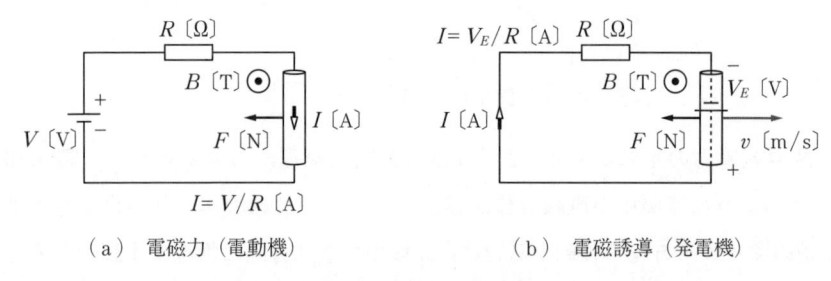

(a) 電磁力（電動機）

(b) 電磁誘導（発電機）

図 3.20 電磁力と電磁誘導

図 (b) に抵抗 R 〔Ω〕となる外部回路を接続すれば，図の向きに電流 I 〔A〕が流れる。磁界中の導体に電流が流れることで，図 (a) と同様に左向きの力 F 〔N〕が導体に生じる。起電力 V_E 〔V〕を保つためには，この力に逆らって v 〔m/s〕で運動を続ける仕事（エネルギー）を外部から与える必要がある。

すなわち，図 (b) は発電機の原理である。実際の発電機では，図の状態を回転運動によって連続して生じさせる。一方，図 (a) は電動機の原理である。

電動機では，外部電源からエネルギーを供給して，回転子に回転運動する力を生じさせる。

図（b）ではオームの法則より，抵抗 R 〔Ω〕が大きいときに電流 I 〔A〕は小さく，生じる電磁力も小さい。R 〔Ω〕が無限大の場合は電流が流れず，等速運動する導体には，図 3.19 に示した電荷の偏りに伴う起電力のみが生じる。抵抗 R 〔Ω〕は，電源（起電力を持つ導体）に接続された**負荷**と考えられ，大きな電流を流す負荷は**重負荷**，小さな電流を流す負荷は**軽負荷**と呼ばれる。

3.3 直流機の動作原理

直流電源を用いて回す電動機（DC モータ）や，外部からの回転力によって直流電圧を取り出す発電機を総称して**直流機**と呼ぶ。本節では，永久磁石を用いた DC モータを中心に，直流機の動作原理について解説する。

3.3.1 クリップモータはなぜ回るか

市販の乾電池と磁石，クリップを使って，**クリップモータ**を作ってみよう（**図 3.21**，**図 3.22**）。太さ 0.5 mm 程度のポリウレタン線を，巻線の型として用いる単三乾電池に 10～20 周巻き付けて抜き取る。ポリウレタン線の両端は，抜き取った巻線の回転軸がとれるように縛った後に，紙やすりなどを用いて一方は被覆をすべて剥ぎ取り，もう一方は図 3.22 右側の軸のように半面の

図 3.21　クリップモータ

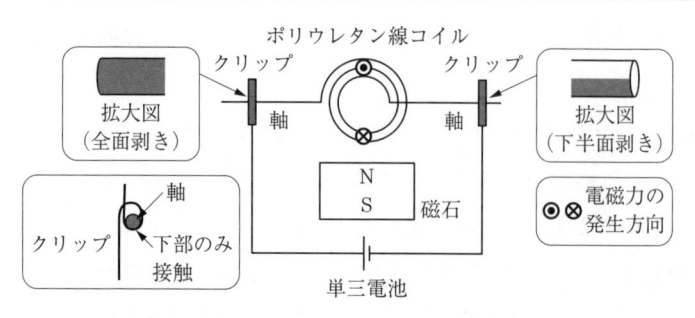

図 3.22 クリップモータの実態配線図

み剥ぎ取る。この両端をクリップとの接点として用いる。クリップは軸受であり，それぞれ単三乾電池の＋極と－極に接続されている。図 3.22 の向きに巻線が静止しているとき，軸となるポリウレタン線の接点は軸受となるクリップに下面のみが接触している。

　巻線の直下に磁石を置くと，巻線は電磁力によって一方向に回転を始める。半回転するとポリウレタン線はクリップと絶縁される。このとき，電流が流れず力は発生しないが，慣性によって回転を続ける。さらに半回転後には最初の状態に戻って電磁力が加わる。接点となるポリウレタン線の一方が半面だけ剥がれていることがポイントであり，両端をすべて剥ぐと半回転後に逆向きの電磁力が発生するため，回転できない。

　巻線の回転方向は，電池の極性を反転，もしくは磁石の極性を反転させることで反対になる。クリップモータは直流電源を用いて連続回転する動力を生じる DC モータである。

3.3.2　直流機の基本回路

　図 3.23 に DC モータの原理を示す。DC モータの回転子は**電機子**と呼ばれ，**電機子鉄心**の溝（**スロット**）に導線が巻かれている（**電機子巻線**）。電機子の外部には**主磁極**（永久磁石または電磁石）が設置され，主磁極の磁界は電機子と交わっている。電機子巻線の両端は**整流子**と呼ばれる円筒形の導電体に接続されている。整流子は**図 3.24** のように円筒断面で絶縁されており，電機子巻

3.3 直流機の動作原理

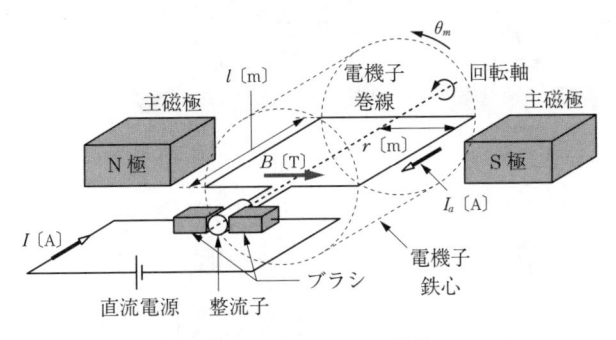

図 3.23 DC モータの原理

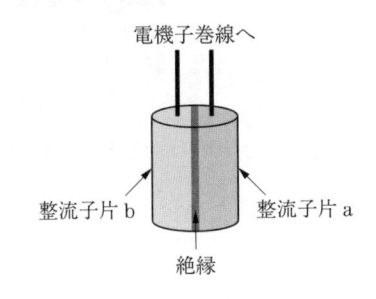

図 3.24 整流子の構造

線の両端はそれぞれの**整流子片**と接続されている。整流子の円筒面は，外部で固定された**ブラシ**に接触している。ブラシに接触する整流子片が半回転ごとに切り替わるため，電機子巻線に流れる電流は半回転ごとに逆向きになる。

電機子鉄心円筒面上のスロットにある電機子巻線を，円筒の長さ l [m] と同じ長さのコイル辺とすれば，コイル辺は1回巻当り2本となる。**図 3.25** に，コイル辺が接続される整流子とブラシの状態遷移を示す。図 (a) は図 3.23 の状態とする。この状態では，回転軸を中心に対で配置されるコイル辺に生じる力が互いに上下逆向きであり，電機子は整流子側から見て反時計向きに回転する。図 (b) の 90°回転時ではコイル辺に電流が流れず力は生じないが，慣性によって回転を続ける。図 (c) では電機子巻線に流れる電流は逆向きになっており，図 (a) の初期状態と同じ方向の力となる。

一方，図 3.23 の図中にある直流電源を抵抗に置き換え，電機子に外部から

3. DC モータ

(a) 初期状態 ($\theta_m = 0°$)　B [T], F [N], 電源+, 電源−, $I_a = I$ [A]

(d) $\theta_m = 270°$回転時　B [T], 回転方向, 電源+, 電源−, 電流なし

電流の向き　⊙ ⊗

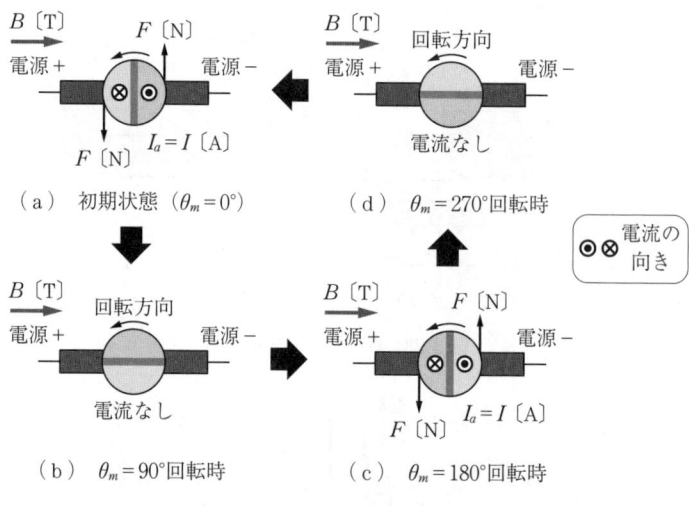

(b) $\theta_m = 90°$回転時　B [T], 回転方向, 電源+, 電源−, 電流なし

(c) $\theta_m = 180°$回転時　B [T], 電源+, 電源−, F [N], $I_a = I$ [A]

図 3.25 整流子とブラシの状態遷移（電動機）

力を加えて一方向に連続回転させた場合，整流子とブラシの位置関係は**図3.26**となる。電機子の連続回転時に整流子とブラシの接点は半回転ごとに切り替わるため，ブラシ間に表れる誘導起電力の極性は変化しない。すなわち直流電圧が取り出せる発電機として動作する。

図 3.27 にDCモータの構造を示す。図3.23はスロットが二つの原理図を示

(a) 初期状態 ($\theta_m = 0°$)　B [T], 回転方向, 起電力−, 起電力+

(d) $\theta_m = -270°$回転時　B [T], 回転方向, 発電なし

起電力の向き　⊙ ⊗

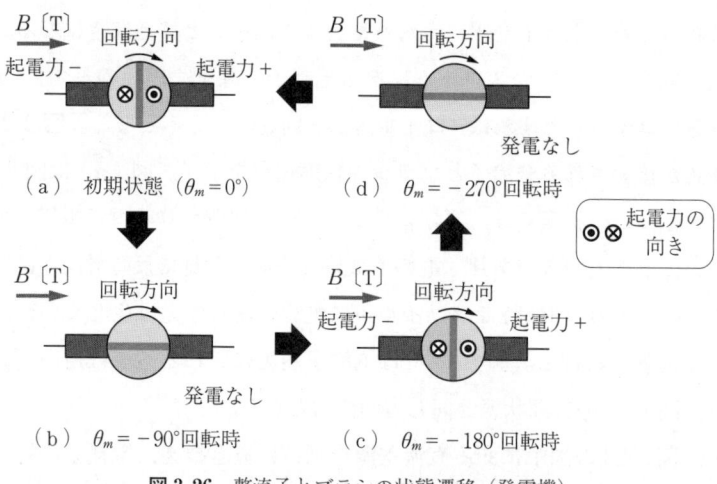

(b) $\theta_m = -90°$回転時　B [T], 回転方向, 発電なし

(c) $\theta_m = -180°$回転時　B [T], 回転方向, 起電力−, 起電力+

図 3.26 整流子とブラシの状態遷移（発電機）

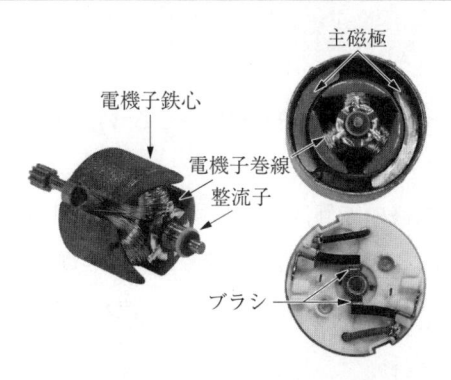

3.4 直流機の等価回路

図 3.27 DC モータの構造（DME34BA，日本電産サーボ）

したが，スロット二つでは回転角 θ_m によっては回転力が生じない。このため実際の DC モータでは，スロットが三つ以上の電機子鉄心を使用し，整流子片も三つ以上となっている。

3.4 直流機の等価回路

図 3.28 に DC モータの等価回路を示す。前節の図 3.23 に示した配線も，実際には巻線やブラシと整流子の接点に抵抗が存在する。この抵抗を**電機子抵抗**（R_a〔Ω〕）という†。直流電源（V〔V〕）から電機子巻線に流れる**電機子電流**（I_a〔A〕）は，電機子巻線回転時に電磁誘導によって生じる平均電圧（V_{Ea}〔V〕）と電機子抵抗 R_a より

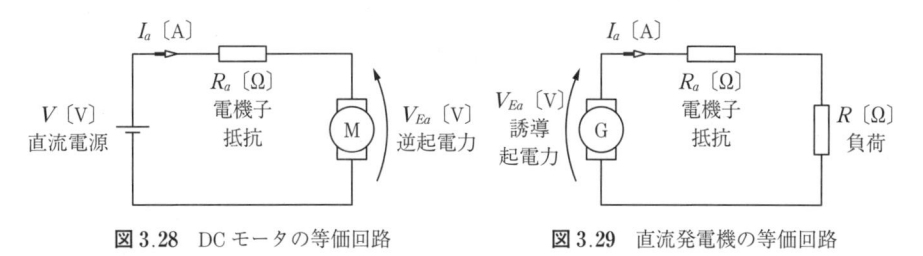

図 3.28 DC モータの等価回路　　**図 3.29** 直流発電機の等価回路

---

† 厳密には巻線中にある抵抗を電機子巻線抵抗として，ブラシと整流子による接触抵抗とは分けて考えられるが，ここではまとめて考える。

$$I_a = \frac{V - V_{Ea}}{R_a} \text{ [A]} \tag{3.14}$$

となる。ここで式 (3.14) の電機子巻線に生じる V_{Ea} [V] は**逆起電力**と呼ばれる[†]。

図 3.29 に直流発電機の等価回路を示す。発電機では電機子電流の向きを DC モータと逆向きに定義する。電機子巻線に誘導起電力 V_{Ea} [V] が生じるとき，電機子抵抗（R_a [Ω]）と負荷（R [Ω]）に流れる電機子電流（I_a [A]）は

$$I_a = \frac{V_{Ea}}{R + R_a} \text{ [A]} \tag{3.15}$$

となる。

3.5　電力と機械出力

式 (3.14) を整理して両辺に電機子電流 I_a をかけると

$$V_{Ea}I_a = VI_a - R_a I_a^2 \text{ [W]} \tag{3.16}$$

は電力の関係式である。式 (3.16) の右辺第 1 項は，直流電源から出力される電力である。これから電機子抵抗で生じる熱損失である右辺第 2 項を差し引いたものは，すべて DC モータの**機械出力** P_M [W] になる。平均トルク（回転トルク）T [N·m] を発生して角速度 ω [rad/s] で回転する DC モータの機械出力は

$$P_M = T\omega = V_{Ea}I_a \text{ [W]} \tag{3.17}$$

である。

式 (3.17) によれば，DC モータが停止している（$\omega = 0$）とき，電動機は機械出力を生じない。これは電機子巻線が固定され，電機子抵抗を残して直流電源が短絡 (short) した状態と同じである。逆起電力 V_{Ea} [V] は発生せず，電

[†] 起電力の向きは起電力により流れる電流の向きと一致する。図 3.28 は直流電源の起電力に対して I_a の正の向きを定義している。電機子巻線には，これとは逆向きに起電力が生じるため，逆起電力という。

機子電流 I_a〔A〕は非常に大きくなる[†]。

一方，DC モータがトルクを発生せず（$T=0$），一定の角速度で等速（回転）運動をしているとき，電機子はエネルギーの入出力なしに慣性により回転し続ける。これは，電機子電流 I_a〔A〕が流れない状態であり，直流電源が開放（open）された状態と同じである。

3.6　DC モータが生じるトルク

本節では DC モータが生じるトルクを考える。

図 3.23 において，長さ l〔m〕のコイル辺 1 本当りに生じる力の大きさ F_1〔N〕は，電機子電流 I_a〔A〕のとき，式 (3.12) より

$$F_1 = I_a B l \quad [\text{N}] \tag{3.18}$$

となる。半径 r〔m〕の電機子に発生するトルク T〔N·m〕は，式 (3.18) の力が 2 本のコイル辺に生じるため

$$T = 2F_1 r = 2I_a B l r \quad [\text{N·m}] \tag{3.19}$$

と表される。

式 (3.19) のトルクによって回転を始めた電機子は，つねにこのトルクを生じるわけではない。回転によって半径 r〔m〕の電機子鉄心の円周に沿って移動するコイル辺には，フレミングの左手の法則に従って，つねに一様な磁界に直交する一定の力が発生する。**図 3.30** に示すように，この力のうち，回転トルクに寄与する力は，電機子の**機械回転角** θ_m によって変化して

$$T(\theta_m) = 2I_a B l r \cos\theta_m \quad [\text{N·m}] \tag{3.20}$$

となる。

式 (3.20) から，1/4 回転した $\theta_m = 90°$ では，トルクは生じないことがわかる。整流子片とブラシの接点が切り替わる $90° < \theta_m < 270°$ では電機子電流 I_a

---

[†] 電機子巻線（コイル）に対して電源を接続した瞬間は，電源電圧と等しい大きさの逆起電力が発生して，電機子電流は流れない。しかし，0.1 秒以内に I_a は大きくなる。

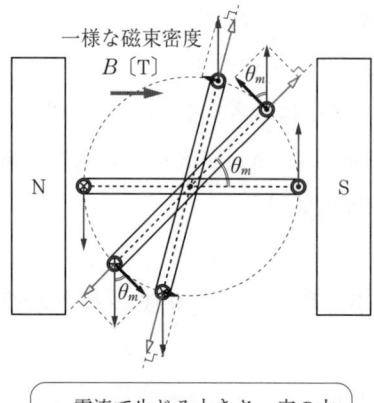

図中ラベル:
- 一様な磁束密度 B 〔T〕
- N, S
- 電流で生じる大きさ一定の力
- トルクに寄与する力
- トルクに寄与しない力
- 電機子電流 I_a の向き

図 3.30 電機子角度によるトルク変化

は逆向きとなる.

ところが DC モータでは,整流子の作用によってトルクがつねに一方向に生じる.したがって,発生トルクの半周期の平均値 T_a 〔N·m〕は

$$T_a = \frac{1}{\pi}\int_{-\frac{\pi}{2}}^{\frac{\pi}{2}} T(\theta_m)d\theta_m = \frac{4}{\pi}I_a Blr \quad 〔\text{N·m}〕 \tag{3.21}$$

になり,これは DC モータの平均トルクである.

一方,電機子巻線コイル中を通過する磁極からの磁束 Φ 〔Wb〕は,コイル辺 l 〔m〕と電機子直径 $2r$ 〔m〕の長方形の面積より

$$\Phi = 2Blr \quad 〔\text{Wb}〕 \tag{3.22}$$

である.したがって式 (3.21) は

$$T_a = \frac{2}{\pi}\Phi I_a = K_1 \Phi I_a \quad 〔\text{N·m}〕 \tag{3.23}$$

である.ここでは説明を省略するが,定数係数 K_1 は DC モータの構造によって定まり

$$K_1 = \frac{1}{2\pi}\cdot\frac{p}{a}Z \tag{3.24}$$

となる。ここで，p は主磁極の**極対数**である。主磁極は N 極と S 極が 1 対であり，**極数**は $2p$ である。$2a$ を**並列回路数**という[†1]。Z はコイル辺の総数であり，電機子鉄心上で往路と復路があるため，2 の倍数で定まる。図 3.23 の例では，$p=1$，$2a=1$，$Z=2$ であり，$K_1=2/\pi$ である。磁束 Φ〔Wb〕は，DC モータの主磁極が生じる 1 極当りの磁束であり，**毎極磁束**という。

式 (3.23) から，DC モータのトルクは主磁極の磁束 Φ〔Wb〕と電機子電流 I_a〔A〕の大きさに比例し，モータの回転数には無関係であることがわかる[†2]。主磁極が永久磁石であれば磁束 Φ〔Wb〕は定数と考えられ，DC モータの発生トルクは電機子電流の大きさで決められる。

3.7 直流機の起電力

回転する直流機は起電力を生じる。DC モータの場合は式 (3.17) に示す逆起電力 V_{Ea} と電機子電流 I_a の積が機械出力に変換されるエネルギーとなる。直流発電機で生じる誘導起電力は，機械エネルギーから変換された電力エネルギーとして扱われる。本節では電磁誘導現象によって生じる図 3.23 の直流機の起電力を考える。

長さ l〔m〕のコイル辺が半径 r〔m〕の電機子鉄心の円周に沿って速さ v〔m/s〕で移動するとき，図 3.30 の $\theta_m=0°$ では磁束密度 B〔T〕を直交して横切る。このとき，コイル辺 1 本当りに生じる起電力の大きさ V_{E1}〔V〕は

$$V_{E1} = vBl \text{〔V〕} \tag{3.25}$$

となる。電機子に生じる起電力 V_E〔V〕は，コイル辺 2 本が往復の直列接続であることから 2 倍となり

$$V_E = 2V_{E1} = 2vBl \text{〔V〕} \tag{3.26}$$

[†1] 実際の電機子巻線の巻き方には，重ね巻（並列巻）と波巻（直列巻）があり，それぞれ整流子片間に接続される電機子巻線の並列接続数が異なる。重ね巻は極数に等しく，波巻は極数にかかわりなく 2 並列である。

[†2] 例えば電動のインパクトレンチでは，電流を制限して締付トルクを決定する。

である。

電機子の回転数が n〔rps〕のとき，回転角速度 ω〔rad/s〕を用いてコイル辺の速さを表せば

$$v = r\omega = 2\pi nr \text{〔m/s〕} \tag{3.27}$$

であるが，コイル辺には，B〔T〕に直交する速度成分のみが起電力を生じる。したがって，式(3.26)は回転角 θ_m の関数となり

$$V_E(\theta_m) = 2vBl\cos\theta_m = 4\pi nrBl\cos\theta_m \text{〔V〕} \tag{3.28}$$

である。1/4回転した $\theta_m = 90°$ では，コイル辺の移動は磁束と平行になるため，起電力は生じない。

式(3.28)により生じる起電力は交流であるが，整流子によって極性が一方向に変換される（図3.26）。したがって，直流機が生じる平均の起電力 V_{Ea}〔V〕は，式(3.28)の半周期の平均値であり

$$V_{Ea} = \frac{1}{\pi}\int_{-\frac{\pi}{2}}^{\frac{\pi}{2}} V_E(\theta_m)d\theta_m = 8nrBl \text{〔V〕} \tag{3.29}$$

となる。

式(3.22)に示す毎極磁束 $\varPhi$〔Wb〕を用いて表せば

$$V_{Ea} = 4\varPhi n = K_2\varPhi n = K_1\varPhi\omega \text{〔V〕} \tag{3.30}$$

である。ここで，定数係数 K_2 は式(3.24)と同様に，DCモータの構造によって定まり

$$K_2 = \frac{p}{a}Z = 2\pi K_1 \tag{3.31}$$

となる。図3.23の例では式(3.24)から $K_1 = 2/\pi$ であるから，$K_2 = 4$ である。

式(3.30)から，直流機の起電力は主磁極の磁束 $\varPhi$〔Wb〕と直流機の回転数 n〔rps〕（回転角速度 ω〔rad/s〕）に比例し，直流機の発生トルク（電機子電流）には無関係であることがわかる。主磁極が永久磁石であれば磁束 $\varPhi$〔Wb〕は定数と考えられ，直流機の起電力は電機子の回転数に比例して決められる。

3.8 DCモータの理論特性

DCモータには，動きの速さをコントロールすること，ならびに力をコントロールすることが求められる。前者は速度コントロール，後者はトルクコントロールである。この二つの理論上の関連を考える。

3.8.1 速度特性

図3.28に示したDCモータの等価回路から求められる式(3.14)に，直流機の起電力を求める式(3.30)を代入し，回転数nについて整理すると

$$n = \frac{V - R_a I_a}{K_2 \Phi} \text{ [rps]} \tag{3.32}$$

が得られる。

式(3.32)に関する速度 - 電流特性図を**図3.31**に示す。電機子電流$I_a = 0$のとき，式(3.23)より，DCモータにトルクは発生しない。このときDCモータの回転数n_0は，電源電圧V〔V〕に比例し，毎極磁束Φ〔Wb〕に反比例する。このとき，DCモータは「空転」状態である[†]。

電機子電流I_aが流れるとDCモータはトルクを生じる。その一方で，電機子

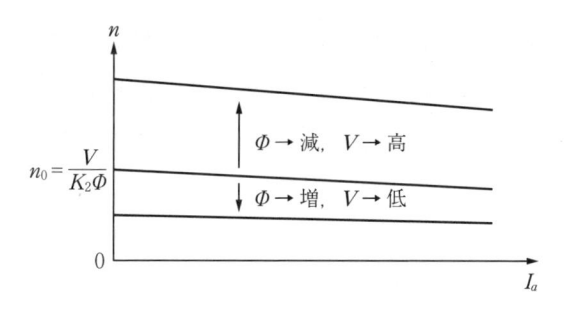

図3.31 DCモータの速度 - 電流特性

[†] 実際には軸受の摩擦，回転する物体に対する風損などがあり，トルクなしで回転し続けることはない。

抵抗 (R_a 〔Ω〕) に比例して回転数は低下する。回転数の低下は R_a に依存し，R_a が小さければ，トルクにかかわらず回転数がほとんど変化しない[†1]。

3.8.2 トルク特性

式 (3.23) に示したとおり，DC モータが生じるトルクは電機子電流に比例する。式 (3.23) を I_a について整理すると

$$I_a = \frac{1}{K_1 \Phi} T_a \text{ 〔A〕} \tag{3.33}$$

である。

DC モータが生じるトルク T_a は，機械損失を無視するとすべて運動エネルギーへ変換されるトルクであり，機械負荷が求めるトルクと等しくなる。電流をコントロールすることで，トルクをコントロールできる。なお，過大なトルクの要求は，過大な電流を電機子巻線に流すことになり，焼損の原因となる。

3.8.3 速度－トルク特性

式 (3.33) の I_a 〔A〕を式 (3.32) に代入すると

$$n = \frac{V}{K_2 \Phi} - \frac{R_a}{K_1 \Phi \cdot K_2 \Phi} T_a \text{ 〔rps〕} \tag{3.34}$$

が得られる。

式 (3.34) に基づいた DC モータの速度－トルク特性図を**図 3.32** に示す。トルクの大きさは電機子電流に比例するため，図 3.31 と同様な傾向を示す。図 3.32 の T_L 〔N·m〕は負荷の速度－トルク曲線の例[†2]である。DC モータは二つの曲線の交点で動作する。T_L の傾きが大きい場合，すなわち小さなトルクでも高速回転可能な場合が軽負荷である。DC モータの R_a 〔Ω〕が小さければ，負荷の状態が変化しても，電機子電流 I_a が追従して応答するため回転数はほとんど変化しない。

[†1] 本書で扱う永久磁石を用いた直流電動機のほか，**他励電動機**，**分巻電動機**も同様な性質を示す。

[†2] 任意の負荷が，ある回転数で運動するために必要なトルク。負荷ごとに異なる。

3.9 実際の電動機（RS-540SH）

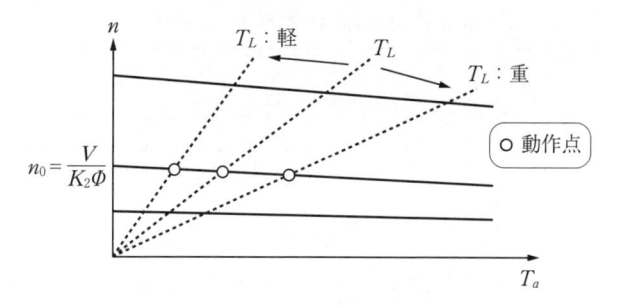

図 3.32 DC モータの速度 - トルク特性

3.8.4 DC モータの始動電流

式 (3.32) を，電機子電流 I_a 〔A〕について変形すると

$$I_a = \frac{V - K_2 \Phi n}{R_a} \text{〔A〕} \tag{3.35}$$

と表される。DC モータの始動時は回転数 $n = 0$ であるため

$$I_{a(n=0)} = \frac{V}{R_a} \text{〔A〕} \tag{3.36}$$

となる最大電流（**始動電流**，**停動電流**）が流れる。また，何らかの原因で回転軸がロックされたとき（ストール）にも最大電流が流れる。回転できなければ電流は回転エネルギーを生み出さず，すべてが熱に変わるため，電機子巻線は瞬時に過熱して焼損する。DC モータはストールしないように使わなければ危険である。

3.9 実際の電動機（RS-540SH）

本節では DC モータの実例として，マブチモーター RS-540SH モータの特性を考える。

表 3.1 に RS-540SH-7520 モータ仕様を示す。永久磁石を主磁極に用いた DC モータである。

表 3.1 より，RS-540SH の使用電圧範囲は 4.8 ～ 7.2 V と定められている。

表 3.1　RS-540SH-7520 モータ仕様[1]

型　名	電圧		無負荷時		最大効率時				停動時		
	使用電圧範囲	標準電圧	回転数 r/min	電流 A	回転数 r/min	電流 A	トルク mN·m	トルク g·cm	出力 W	トルク mN·m	トルク g·cm	電流 A
RS-540SH-7520	4.8～7.2	7.2 V 一定	23 400	2.40	19 740	13.0	30.6	312	63.2	196	1 998	70.0

標準電圧は定格電圧 V_n 〔V〕として各パラメータが測定された電圧である。

　無負荷時は，定格電圧 7.2 V を印加してモータを空転したときのパラメータである。回転数 23 400 rpm，電機子電流 2.40 A である。実際のモータでは，無負荷であっても軸受の摩擦や風損などの損失に対するトルク分の電流が必要である。

　図 3.33 は電機子電流 - トルク特性（式 (3.33))，速度 - トルク特性（式 (3.34))，および電力から機械エネルギーに変換される効率とトルクの関係を表す。式 (3.33) に示されるとおり，発生トルクは電機子電流に比例している。式 (3.34) に示されるように，トルクの増加とともに回転数 N が低下しており，電機子抵抗 R_a 〔Ω〕の存在がわかる。

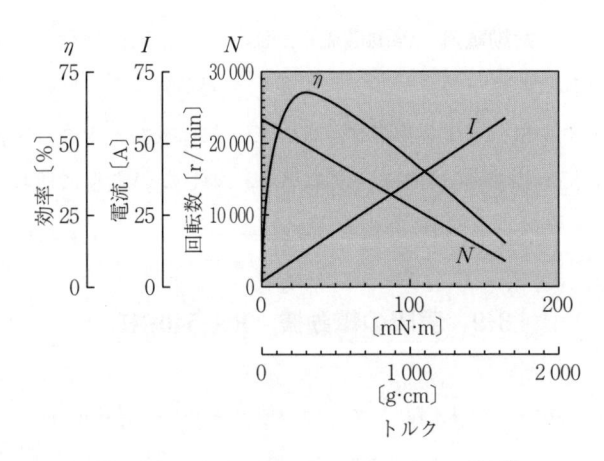

図 3.33　RS-540SH-7520 モータのトルク特性[1]

　最大効率時は，電力を機械エネルギーへ最も効率良く変換できる条件である。表 3.1 より電機子電流 13.0 A で発生するトルクに相当する 30.6 mN·m の負荷を接続した場合に，モータは 19 740 rpm で回転し，機械出力は 63.2 W と

3.9 実際の電動機 (RS-540SH)

わかる.図 3.33 が示すように,モータに接続する負荷トルクが大きくても小さくても,変換効率は低下する.この最大効率を発揮するときのトルク T_n を**定格トルク**,電機子電流 I_{an} を**定格電流**,回転数 n_n を**定格回転数**という.

定格出力 P_{Mn} 〔W〕は,定格回転数 n_n 〔rps〕($\omega_n = 2\pi n_n$ 〔rad/s〕)時に定格トルク T_n 〔N・m〕を発生する機械出力であり

$$P_{Mn} = T_n \omega_n \text{〔W〕}$$
$$= 30.6 \times 10^{-3} \times 2\pi \times \frac{19\,740}{60} \approx 63.2 \text{ W} \tag{3.37}$$

となる.

一方,このときの電気的入力 P_{En} 〔W〕を,定格電圧 V_n 〔V〕と電機子電流 I_{an} 〔A〕で表すと

$$P_{En} = V_n I_{an} = 7.2 \times 13.0 = 93.6 \text{ W} \tag{3.38}$$

であり,定格時の変換効率(最高効率)η 〔%〕は

$$\eta = \frac{P_{Mn}}{P_{En}} \times 100\% = \frac{63.2}{93.6} \times 100 \approx 67.5\% \tag{3.39}$$

とわかる.

負荷トルクが増大すると電機子電流も増大し,回転速度は低下する.過大なトルクでは,モータは停止する.このときに発生するトルクは 196 mN・m と定格の 6 倍以上となり,70.0 A もの電機子電流が流れる.停止していれば機械出力は 0($\eta = 0\%$)であり,DC モータでは 7.2 V の電源電圧と 70 A の電流 504 W の電力が,すべて熱エネルギーに変換される.一瞬で焼損に至るため,速やかな電流制限が必要である.

また,DC モータの停止状態,すなわち,始動時に流れる電流が最大電流値である.電動機を動かすための電子回路は,最大電流を供給できるように設計する.

[演習問題]

3.1 真空中で二つの電荷 $q=+1\,\mathrm{C}$ が互いに距離 $r=1\,\mathrm{m}$ 離れているとき，電荷間に働く力の大きさを求めよ．

3.2 $E=2.0\times10^3\,\mathrm{N/C}$ の電界中にある電子は，どのような力を受けるか．

3.3 真空中で二つの磁極 $\Phi_1=1\,\mathrm{Wb}$, $\Phi_2=2\,\mathrm{Wb}$ が互いに距離 $r=3\,\mathrm{m}$ 離れているとき，磁極間に働く力の大きさを求めよ．

3.4 1.0 A の直線電流から 50 cm の距離の点に生じる磁界の強さを求めよ．

3.5 10 mT の磁束に直交して長さ 50 cm の直線導体が置かれている．2 A の電流が流れるとき生じる力の大きさを求めよ．

3.6 100 mT の磁束に直交して長さ 50 cm の直線導体が 2.0 m/s の速さで横切るとき，導体両端に生じる起電力の大きさを求めよ．

3.7 図 3.20 について，磁束密度 $B=1.5\,\mathrm{T}$，抵抗 $R=2\,\Omega$，導体の長さは 50 cm とする．
 (1) 図 (a) の電源電圧が $V=10\,\mathrm{V}$ のときに生じる力の大きさを求めよ．
 (2) 図 (b) に同じ大きさの電流を流すとき，導体棒の速さはいくらか．

3.8 図 3.22 のクリップモータの回転方向を逆転させるにはどうすればよいか．

3.9 図 3.23 から整流子を外し，各ブラシごとに常時 2 本のコイル辺が接触するようスリップリングを接続したとき，電機子巻線を回転させるとブラシ間電圧はどのように変化するか．

3.10 電機子抵抗 100 mΩ の DC モータに 10 V の直流電源を接続すると，2 A の電流が流れた．ブラシの接触抵抗はないものとして，DC モータのブラシ間に生じる電圧を求めよ．

3.11 電機子抵抗 100 mΩ の DC モータに 10 V の直流電源を接続すると，2 A の電流が流れた．その他の損失を無視できるとき，DC モータの機械出力を求めよ．

3.12 表 3.1 に示した RS-540SH-7520 を用いて平歯車で減速され回転する半径 100 mm のウインチに体重 50.0 kg の人がぶら下がっている．この人を最大効率で引き上げるとき，以下の問に答えよ．ただし歯車での損失を無視する．
 (1) 引き上げるときのモータの回転数はいくらか．
 (2) (1) のとき，電動機の回転数は，引上げに使用するウインチの回転数の何倍か．
 (3) 上昇する速さ v 〔m/s〕を求めよ．
 (4) (3) における電動機のエネルギー変換効率は何 % か．

4 メカトロニクス電子回路の半導体素子

この章では，メカトロニクス電子回路を動かすためのキーパーツである半導体素子の構造と動作を学ぼう．半導体素子がどのように動いているかを理解できれば，電子回路の中身が見えてくる．

4.1　半導体とpn接合

4.1.1　真性半導体

半導体（semiconductor）は金属と絶縁体の中間の抵抗率を持つ物質である．電線に使用される銅の抵抗率が1.67×10^{-8} Ω·m，回路基板に使われるエポキシ樹脂では10^{11} Ω·m程度であるのに対し，ダイオードやトランジスタなどに使用されるシリコン（ケイ素）は2.3×10^{3} Ω·mである．

しかし，半導体としての性質は，この抵抗率の違いが生み出すのではない．

銅やアルミニウムなどの金属結晶では，隣り合う元素の最外周の電子軌道が互いに重なり合い，**価電子帯**と**伝導帯**を形成する．金属では，価電子帯から伝導帯に移動した**自由電子**が電荷の運び手となるため，低い抵抗率となる（図4.1（a））．

純粋な半導体（**真性半導体**）では，隣り合う原子は価電子を共有し合って結晶（共有結合）を形作る．このため絶対温度0Kでは伝導帯に自由電子は存在せず，絶縁体となる．

ところが大きな熱エネルギーを与えれば，価電子は電子の存在が許されない

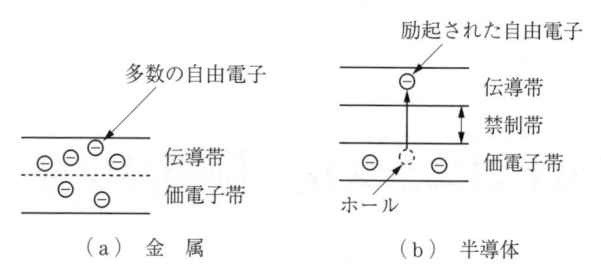

```
                        励起された自由電子
         多数の自由電子        ⊖   伝導帯
                             ↕   禁制帯
    ─⊖─⊖─⊖─  伝導帯    ─⊖─⊙─⊖─  価電子帯
     ⊖              ホール
    ─────── 価電子帯    ───────

       （a）金  属        （b）半導体
```

図4.1 伝導体の中の電荷

　禁制帯[†]を越えて伝導帯に励起され，自由電子が発生する（図(b)）。自由電子は，マイナスの電荷を運ぶ。また，電子が抜けた軌道を**ホール**（hole，**正孔**）と呼ぶ。他の価電子帯の電子が移動してくることによって，ホールも移動するように見える。ホールの移動はプラス電荷を運ぶ。

　このように半導体では電子 – ホール対が発生し，マイナスとプラスの電荷の運び手（**キャリヤ**，carrier）が存在する。金属に比べてキャリヤ数が少ないため，抵抗率は高くなる。また，熱エネルギーによって自由電子が励起されて電子 – ホール対が発生するため，半導体では温度が上昇すればキャリヤが増えて抵抗率は低下し，電気伝導度が大きくなる。温度が上昇すると抵抗率が高くなる金属とは逆の傾向を持つ。

＝（ティータイム）＝

抵抗率と電気抵抗

　抵抗率は，物質がどれだけ電気を通しにくいかを表す物性値である。抵抗値は物質の長さに比例し，断面積に反比例する。抵抗率 ρ〔Ω·m〕，導体の長さ L〔m〕，断面積 S〔m^2〕とすると抵抗 R〔Ω〕は

$$R = \rho \frac{L}{S} \quad 〔\Omega〕$$

となる。

---

†　禁制帯のエネルギー幅を**バンドギャップ**と呼び，通常 E_g で表記する。

4.1.2 不純物半導体

半導体素子には，自由電子の生成に大きな熱エネルギーを要する真性半導体は用いられない。真性半導体に，ごく微量の不純物を添加（ドーピング）して作られるp形とn形の2種類の半導体が使われる。

4価の元素のシリコンに5価の元素（P（リン），As（ヒ素）など）をわずかに添加すると，価電子帯に過剰な電子が存在する**n形半導体**になる。この過剰な価電子はシリコンと電子軌道を共有できないため，伝導帯に励起されて自由電子となる。

また，シリコンに3価の元素（B（ホウ素），Ga（ガリウム）など）をわずかに添加すると，価電子帯の電子が不足する**p形半導体**になる。電子の不足によって，プラスの電荷を持つホールが価電子帯に生じる。

p形におけるホール，n形における自由電子は**多数キャリヤ**である。半導体は熱エネルギーによって電子-ホール対が生成されるため，p形にも自由電子，n形にもホールは存在する。こちらを**少数キャリヤ**と呼ぶ。

不純物半導体では，それぞれ多数キャリヤの移動のみ考えればよい。簡単にいえば，p形半導体ではホールがプラスの電荷を移動させ，n形半導体では電子がマイナスの電荷を移動させる。

なお，p形のpはpositive，n形のnはnegativeの頭文字である。

4.1.3 pn接合（ダイオード）

p形とn形の半導体を接合した素子が**ダイオード**である。回路図記号と内部構造を図4.2に示す。▷マークを電流が流れる方向の矢印とみなす。ダイオー

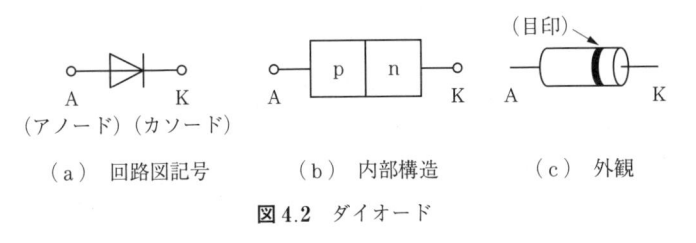

(a) 回路図記号　　(b) 内部構造　　(c) 外観

図4.2　ダイオード

ドの二つの端子は，p側を**アノード**（A：anode），n側を**カソード**（K：cathode）[†]と呼ぶ。部品としてのダイオードは，カソード側にマークが示され，向きがわかるようになっている（図（c））。

p形半導体ではホールが多数キャリヤであり，n形半導体では電子が多数キャリヤである。ホールも電子も熱エネルギーによってランダムに動き回る。このためpn接合の近傍では，p層へ移動した電子がホールと，あるいはn層へ移動したホールが電子と，それぞれ再結合して消失する。このキャリヤが存在しない接合面近傍を**空乏層**と呼ぶ（**図4.3**（a））。空乏層は，キャリヤが存在しない絶縁層である。なお，再結合を繰り返すとホールと電子がなくなるようにも思われるが，空乏層以外では再結合した数だけ新たなホール-電子対が生まれ，キャリヤの密度は保たれる。

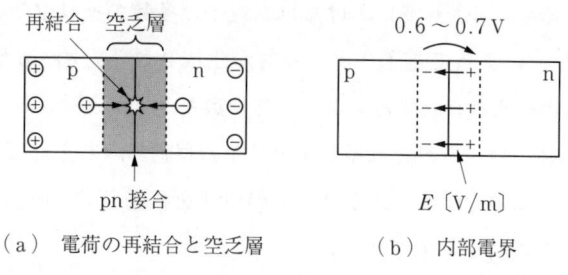

（a）電荷の再結合と空乏層　　（b）内部電界

図4.3 pn接合と空乏層

ところで，n側の空乏層部位では，電子の消失によってマイナスの電荷が不足するためプラスの電位となる。逆にp側ではホールの消失によってマイナスの電位となるため，**内蔵電界**（**内蔵電位**）を生じる（図（b））。シリコンでの内蔵電位は$0.6 \sim 0.7\,\mathrm{V}$となる。

図4.4（a）のようにp形に電源のプラス極を，n形にマイナス極を接続する（**順電圧**）。電圧が低い状態では電流は流れないが，電源電圧が内蔵電位を超えると空乏層は消滅してp側のホールはn側へ，n側の電子はp側へpn接合を越えて移動を開始する。つまり，電流が流れる。電流が流れ始める電圧を

[†] cathodeのCはコンデンサと紛らわしいので，ドイツ語kathodeの頭文字Kが使われる。

(a) 順電圧印加   (b) 逆電圧印加

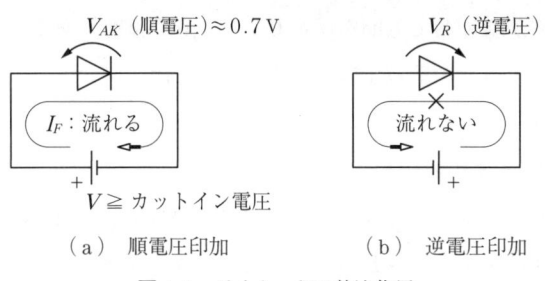

図 4.4　ダイオードの整流作用

カットイン電圧と呼ぶ。

　図 (b) のように電源の向きを逆にして p 形をマイナス極に，n 形をプラス極に接続する（**逆電圧**）。このとき，p 側のホールはマイナス極へ，n 側の電子はプラス極に引き寄せられて空乏層が広がり，キャリヤは空乏層を越えられない。つまり，電流が流れない。

　以上のようにダイオードは，アノード（p 形）からカソード（n 形）の向き（**順方向**）へは電流を流すが，逆向き（**逆方向**）へは電流を流さない。これをダイオードの**整流作用**という。

　ダイオードの順電圧 – 電流特性を図 4.5 に示す。順電圧 V_{AK} がカットイン電圧を超えると，アノードからカソードへと流せる**順電流** I_F は急激に増加する（順電流は，順電圧の指数倍で増加）。したがって，順電流が増加しても順電圧はそれほど増加しない。シリコンダイオードのカットイン電圧は約 0.6 V

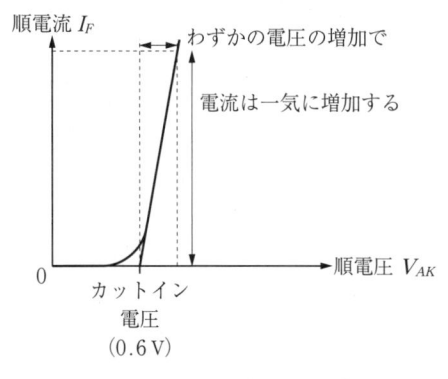

図 4.5　ダイオードの順電圧 – 電流特性

であるが，電流が増加しても順電圧は 0.7 ～ 1.0 V 程度である。

シリコンダイオードの順電圧は 0.7 V と考えればよい。

4.1.4 ツェナーダイオード

図 4.4（b）のように逆電圧を印加したとき，ダイオードに逆電流[†]は流れない。ところが逆電圧を上昇させると，ある電圧から**逆電流**が流れる（**ブレークダウン**）。図 4.5 をマイナス方向に拡大した特性が**図 4.6** である。ブレークダウンが発生すると一般のダイオードは破損する。ブレークダウンを起こさない電圧範囲が定格として定められており，定格以下の電圧で使用する。

ところが，逆電圧に伴う高電界に置かれた半導体では，価電子帯の電子が伝導帯に移動して絶縁性が低下する**ツェナー降伏**を生じる。ブレークダウン電圧（**ツェナー電圧**）を意図的に低く設計し，その特性を利用する素子が**ツェナーダイオード**である。ツェナーダイオードは，ツェナー電圧を加えても破損しない。

ツェナーダイオードの回路図記号を**図 4.7** に示す。**ツェナー電流**は逆電流で

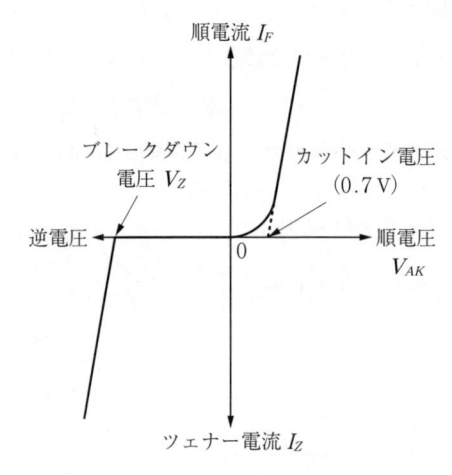

図 4.6 ダイオードの電圧 - 電流特性

図 4.7 ツェナーダイオード

[†] 厳密には，10^{-11} A くらい流れる。

4.1 半導体とpn接合

あるから，▷とは逆の向きに流れる。ツェナーダイオードにはツェナー電圧を超える逆電圧は表れない。この特性を利用して，基準電圧あるいは保護回路に使用される。

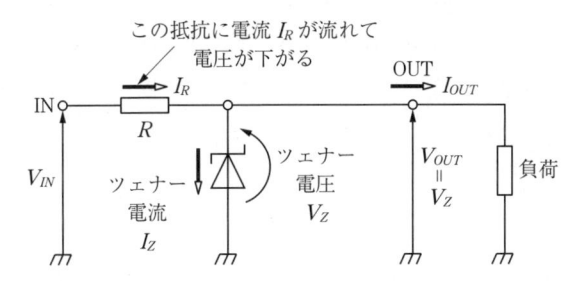

図4.8は，ツェナーダイオードを使用した定電圧回路である。回路の出力電圧 V_{OUT} [V] は，ツェナーダイオードのブレークダウン電圧 V_Z [V] となる。入力電圧 V_{IN} [V] は R [Ω] を通過して出力電圧 V_{OUT} まで降下する。R の電流 I_R [A] は

$$I_R = \frac{V_{IN} - V_{OUT}}{R} \quad [A] \tag{4.1}$$

より計算される。出力電流 $I_{OUT} < I_R$ の範囲であれば，ツェナーダイオード電流 I_Z が

$$I_Z = I_R - I_{OUT} \quad [A] \tag{4.2}$$

と変化して，V_Z は一定に保たれる。ただし，この回路でのツェナーダイオードの消費電力 P_D は $V_Z \times I_Z$ となる。P_D がダイオードの許容損失以下となるように使用する。

図4.8 ツェナーダイオードを使用した定電圧回路

4.1.5 LED

ディスプレイやセンサなどの光源として用いられる **LED**（light emitting diode）は，その名のとおり，光るダイオードである。

n形半導体において自由電子は伝導帯を移動するが，p形半導体においてホールが存在する価電子帯は，伝導帯よりも低いエネルギーバンドである（図

4.9）．電子がバンドギャップを越えてホールと再結合するとき，バンドギャップに相当するエネルギーを放出する．LEDでは，このエネルギー放出が可視光となる．

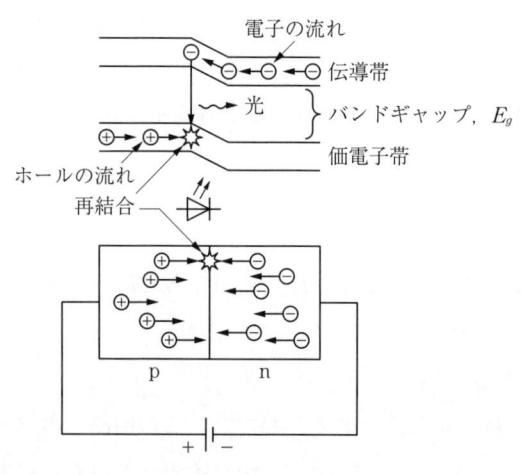

図 4.9 LEDの動作原理

バンドギャップ幅はLEDの色を決定する．バンドギャップが大きいほど光の波長は短く，色は青くなる．LEDのバンドギャップは，半導体の物性によって決まるため，さまざまなバンドギャップを実現する化合物半導体が開発されてきた．発光色と材料，ピーク波長の例を挙げれば

赤外	GaAs（ガリウム，ヒ素）	950 nm
赤	AlGaAs（アルミニウム，ガリウム，ヒ素）	660 nm
橙	AlGaInP（アルミニウム，ガリウム，インジウム，リン）	570 nm
緑	GaP（ガリウム，リン）	555 nm
青	InGaN（インジウム，窒化ガリウム）	450 nm

などである．なお，シリコンダイオードはバンドギャップを越える電子の移動メカニズムが異なるために発光しない．

LEDもダイオードの一種であり，シリコンダイオードと同様，カットイン電圧から急激に電流が流れる．カットイン電圧 V_{IN} は色によって異なる．赤外および赤が約 1.8 V，緑が約 2.5 V，青が約 3.0 V である．しかし，カットイン

電圧は温度によって変化するため，LEDに印加する電圧を正確に決めることは難しい。一方，発光の明るさは電圧ではなく電流によって決まる。LEDには，どれだけの電流を流すかを考えればよい。

図4.10にLED電流供給回路を示す。電源電圧を$+V_{CC}$〔V〕，LED電流をI_D〔A〕とすれば，電流制限抵抗R_D〔Ω〕は

$$R_D = \frac{+V_{CC} - V_{IN}}{I_D} \quad 〔Ω〕 \tag{4.3}$$

より求める。表示用LEDのI_Dは，5〜10 mA程度に設定する。

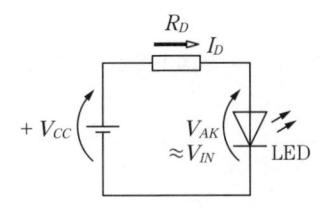

図4.10 LED電流供給回路

4.2 半導体スイッチ

4.2.1 ダイオード

ダイオードはアノード-カソード間の電位差によって切り替わるスイッチと考えられる（図4.11）。アノード電圧V_{AK}がカットイン電圧（0.6 V）より低ければオフであり，高ければオンである。

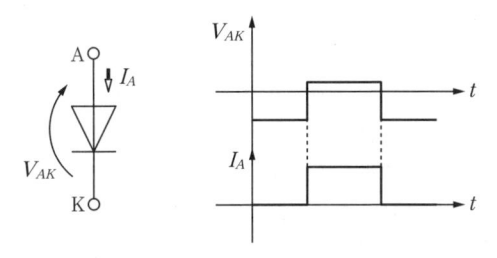

（a）回路図記号　（b）ダイオードのスイッチ動作

図4.11 スイッチとしてのダイオード

ダイオードは V_{AK} が正（0.6 V 以上）になれば，オフからオンに変わる（**ターンオン**）。そして $V_{AK} > 0.6$ V の状態が続く限りオン状態を維持する。ダイオードに接続された外部回路の状態によってアノード電流 I_A が流れないとき，$V_{AK} < 0.6$ V になっている（ターンオフ）。V_{AK} は I_A から従属的に決まり，I_A の導通状態をダイオード自体がコントロールできない。このような半導体スイッチを**非可制御デバイス**と呼ぶ。

｜ティータイム｜

電圧の表記法

電圧が V_{IN}, V_{OUT} のように，回路図上で示された1点を添え字にして表記されている場合は，**図（a）**に示すように，グランドと当該位置との間の電圧を表す。

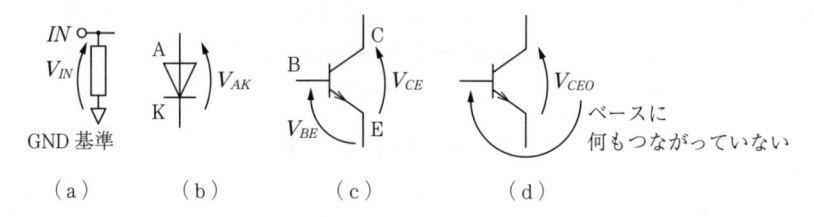

| (a) | (b) | (c) | (d) |

図　電圧の表記法

図（b）の V_{AK} のように二つの端子が添え字の場合は，第2の添え字の点を基準とした電位となる。V_{AK} であれば，カソード K を基準としたアノード A の電圧であり，カソードよりアノードが何ボルト高いか，を表す。添え字の順にアノード - カソード間電圧と呼ぶこともある。

図（c）のトランジスタではエミッタ E を基準としたベース B の電圧であるベース - エミッタ間電圧 V_{BE} が，MOSFET ではソース S を基準としたゲート G の電圧であるゲート - ソース間電圧 V_{GS} などが使われる。

図（d）のように，絶対最大定格などでは第3の添え字が使われることがある。コレクタ - エミッタ間電圧が V_{CE} ではなくて V_{CEO} と表記されている場合，最後のOは，トランジスタの第3の端子ベースが OPEN（開放）であることを意味する。V_{CEO} はベースに何もつながない状態でのコレクタ - エミッタ間電圧である。

4.2.2 トランジスタ

トランジスタは，小さな電流信号によって大きな電流をオン/オフできる半導体スイッチである．外部よりコントロールされる信号によって，電流の導通状態を半導体スイッチ自体がコントロールできる**可制御デバイス**である．なお，トランジスタは**電界効果トランジスタ**（**FET**, field effect transistor）と区別するため，**バイポーラトランジスタ**あるいは **BJT**（bipolar junction transistor）と呼ばれることもある．

〔1〕 **npn トランジスタの構造**

図 4.12 に **npn トランジスタ**の回路図記号と内部構造を示す．npn トランジスタは，二つの pn 接合を持つデバイスである．電流を入力する端子が**コレクタ**（C：collector），電流を出力する端子が**エミッタ**（E：emitter），コレクタ-エミッタ間のオン/オフをコントロールする端子が**ベース**（B：base）である．回路記号中のエミッタの矢印は，電流が流れる方向を表す．

（a） 回路図記号 　　　　（b） 内部構造

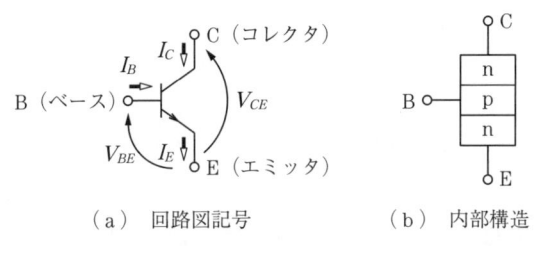

図 4.12　npn トランジスタ

〔2〕 **動 作 原 理**

コレクタ-エミッタ間に電圧 V_{CE} を印加したトランジスタは，これとは別にプラスのベース-エミッタ間電圧 V_{BE} を加えてベース電流 I_B を流すと，コレクタ電流 I_C がエミッタへ流れ出すスイッチとして動作する（図 4.13（a））．トランジスタのキャリヤは，エミッタの電子がベースに，ベースのホールがエミッタへ移動している（図 4.13（b））．ところが $V_{CE} > V_{BE}$ であれば，エミッタからベースに移動した電子はクーロン力によってコレクタへと達する．これは，I_C がエミッタへと流れることを意味する．したがってエミッタから流れ

（a）回路接続　　　　　　　　（b）キャリヤの流れ

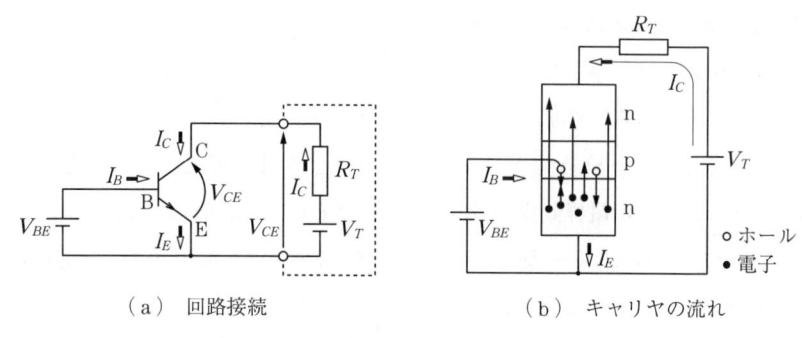

図 4.13 npn トランジスタの動作

出す I_E は

$$I_E = I_B + I_C \tag{4.4}$$

となる。

　このとき，エミッタからベースへ移動した電子は，ベース領域でホールと再結合するよりも，コレクタへと移動するものが圧倒的に多い。I_C と I_B の比率は，**電流増幅率** h_{FE} を用いて[†1]

$$h_{FE} = \frac{I_C}{I_B} \tag{4.5}$$

と表す。パワートランジスタ[†2]では $h_{FE} = 50 \sim 100$ 程度，小信号用トランジスタでは $h_{FE} = 200 \sim 400$ 程度である。

　V_{BE} を 0 とすれば，エミッタからベースへの電子の移動がなくなり，I_C は流れない。

〔3〕特　　性

　図 4.13（a）の回路でベース電流 I_B とコレクタ電流 I_C を考えてみよう。コレクタ-エミッタ間電圧 V_{CE} は，負荷電圧 V_T，負荷抵抗 R_T とすると

$$V_{CE} = V_T - R_T \cdot I_C \quad 〔\mathrm{V}〕 \tag{4.6}$$

と表され，I_C は

[†1] 厳密にはエミッタ接地電流増幅率と呼ぶ。
[†2] 明確な区分はないが，I_C を 1 A 程度以上流せるトランジスタを**パワートランジスタ**と呼ぶ。

$$I_C = \frac{V_T - V_{CE}}{R_T} \quad [\text{A}] \tag{4.7}$$

である。この**負荷線**と呼ばれる I_C と V_{CE} の関係は図 4.14 となる。

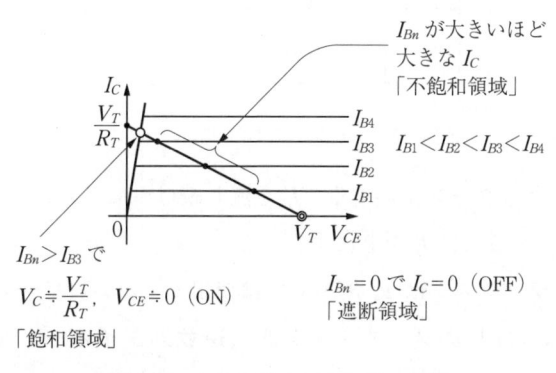

図中注記:
- I_{Bn} が大きいほど大きな I_C「不飽和領域」
- $I_{B1} < I_{B2} < I_{B3} < I_{B4}$
- $I_{Bn} > I_{B3}$ で $V_C \fallingdotseq \frac{V_T}{R_T}$, $V_{CE} \fallingdotseq 0$ (ON)「飽和領域」
- $I_{Bn} = 0$ で $I_C = 0$ (OFF)「遮断領域」

図 4.14 トランジスタの I_C-V_{CE} 特性

図 4.14 の y 軸（I_C）近傍の $V_{CE} = 0 \sim 1\,\text{V}$ 近辺を**飽和領域**と呼ぶ。十分な I_B を流すことで，大きな I_C でも V_{CE} はほとんど上昇しない。スイッチとして使うトランジスタのオン状態は，この飽和領域での動作である。この領域では I_C が飽和状態にあるため，I_B の h_{FE} 倍までは流れず

$$I_C < h_{FE} \times I_B \tag{4.8}$$

となっている。飽和領域での負荷線と I_C との交点を◦印で示す。

一方，I_C の大きさが I_B の大きさによって決まる領域を**不飽和領域**と呼ぶ。図 4.14 には I_B をパラメータとした複数の特性線が示されている。不飽和領域の負荷線と I_C との交点を•印で示す。十分大きな I_B から小さくすると，これに比例して I_C も小さくなり，V_{CE} は上昇する。オーディオアンプのように，直線性が求められる増幅回路では不飽和領域を利用する。

◦印で示す負荷線と x 軸の交点は，ベース電流 $I_B = 0\,\text{A}$ のときである。コレクタ電流 I_C も 0 となる。電流が流れない状態を**遮断領域**と呼ぶ。スイッチとして使うトランジスタはオフ状態である。R_T に電流は流れないため，$V_{CE} = V_T$ である。

トランジスタのスイッチ動作を図 4.15 に示す。トランジスタは，ベース電

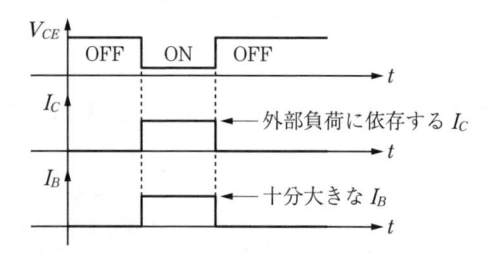

図 4.15 トランジスタのスイッチ動作

流 I_B を流したときターンオンする。I_B を流し続ける間，オン状態が維持される。ターンオフするには I_B を 0 にする。

ただし，トランジスタは $V_{CE}<0\,\mathrm{V}$ では使用できない。$V_{CE}<0\,\mathrm{V}$ となるような回路では，コレクタ-エミッタ間に**逆並列ダイオード**を用いる（**図4.16**）。このとき V_{CE} は $-0.6\,\mathrm{V}$ 以下にならず，コレクタ-エミッタ間ではダイオードに電流が流れる。$V_{CE}>-0.6\,\mathrm{V}$ のときダイオードはオフ状態であり，トランジスタの動作には影響を与えない。

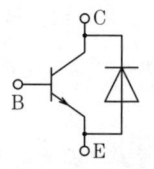

図 4.16 逆並列ダイオード

〔4〕 **pnp トランジスタ**

トランジスタには pnp 形もある（**図4.17**）。**pnp トランジスタ**の回路図記号

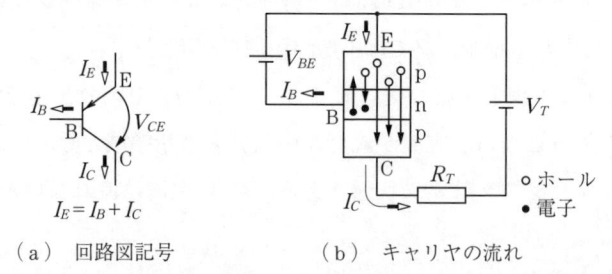

$I_E = I_B + I_C$

（a）回路図記号　　　　（b）キャリヤの流れ

○ ホール
● 電子

図 4.17 pnp トランジスタの動作

では，エミッタの矢印がベース向きとなる．つまり電流はエミッタからベースおよびコレクタへと流れる．

pnp トランジスタの動作は，npn トランジスタとプラスマイナスが逆になり，電流の向きもすべて逆になる．マイナスのベース-エミッタ間電圧 V_{BE} を印加すると，ベースからエミッタへ電子が，エミッタからベースへはホールが移動する．つまりエミッタから pn 接合を越えて，ベース電流 I_B が流れ出る．

またこのとき，エミッタからベースへと移動したホールは，一部はベース領域内で再結合するが，大部分はクーロン力によってコレクタへと達する．これは，I_E がコレクタへ流れることを意味する．

pnp トランジスタは，マイナスのベース電圧 V_{BE} によって，エミッタからコレクタ方向へ電流を流すスイッチとして，npn トランジスタと同様に扱われる．

［ティータイム］

トランジスタの端子名

トランジスタの端子名 base は基部，emitter は放射器，collector は収集器である．放出して収集するものは，それぞれの多数キャリヤである．npn トランジスタではエミッタは電子を放射して，コレクタが電子を収集する．したがって，電流はコレクタからエミッタへと流れる．pnp トランジスタではエミッタがホールを放射して，コレクタがホールを収集する．したがって電流はエミッタからコレクタへと流れる．

4.2.3 MOSFET

電界効果トランジスタのうち，電力スイッチとして用いられるタイプが **MOSFET** である．MOS は内部の絶縁体に用いられている金属酸化物半導体（metal oxide semiconductor）を表す．MOS はシリコン酸化物（SiO_2）である．

図 4.18 に **n チャネル MOSFET** の回路図記号と内部構造を示す．

MOSFET は**ゲート**（G：gate）に印加される電圧で，**ドレイン**（D：drain）

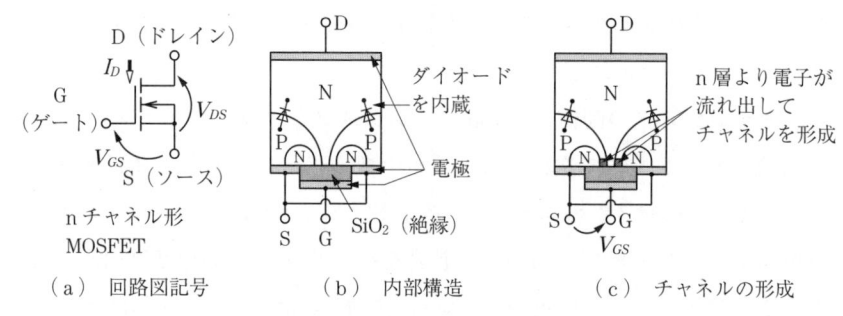

90   4. メカトロニクス電子回路の半導体素子

図4.18 nチャネルMOSFET

（a）回路図記号 ― nチャネル形MOSFET
（b）内部構造 ― ダイオードを内蔵，電極，SiO₂（絶縁）
（c）チャネルの形成 ― n層より電子が流れ出してチャネルを形成

とソース（S：source）間をオン／オフ動作可能なスイッチ（可制御デバイス）である。図（b）に示すように，ゲート電極面にはSiO_2絶縁層があるため，ゲート電圧を印加してもゲート電流は流れない。トランジスタはスイッチ動作にベース電流が必要な電流駆動形素子であるのに対して，MOSFETは電圧駆動形素子である。

さて，図（b）に示すように，n形半導体のドレインからソースに向かう間にはp型半導体層がある。n形からp形に向かって電流は流れない。ここでゲートにプラスの電圧V_{GS}を印加する。すると絶縁体と接するp層では，プラスのゲート電極によるクーロン力によってn形半導体から電子が集められ，p層の中に自由電子が多数キャリヤとなる**反転層**が形成される（図（c））。この反転層が電子の通り道（**nチャネル**）となり，ドレイン電流I_Dがソースへ流れる。V_{GS}を0に戻せばチャネルは消失し，ドレイン電流も止められる。

ところでソース電極は，n層とp層の両方に接するように配置される。このためソースからドレインに向かってp形からn形半導体となり，逆並列ダイオードが内蔵された形となっている。内蔵ダイオードは，**ボディダイオード**とも呼ばれる。これを明示するために，回路図記号にダイオードが記されることもある（**図4.19**）。

MOSFETのスイッチ動作を**図4.20**に示す。ゲート電圧V_{GS}が印加されない間はオフであり，ドレインからソースへの電流は流せない。ドレイン－ソース間に印加される電圧がそのままV_{DS}となる。

4.2 半導体スイッチ

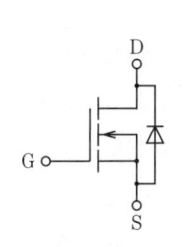

図 4.19 内蔵ダイオードを記した n チャネル形 MOSFET 回路図記号

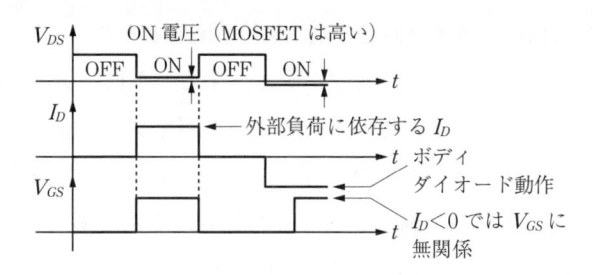

図 4.20 MOSFET のスイッチ動作

MOSFET がオンするためのゲート – ソース間電圧 V_{GS} のしきい値を V_{th}〔V〕とする。ゲートに V_{th} を上回る V_{GS} を加え続ける間，MOSFET はオンしてドレイン電流 I_D を流せる。V_{GS} を 0 とすれば I_D も遮断される。

MOSFET では，ボディダイオードが動作すると，ドレイン – ソース間電圧 V_{DS} がマイナスになる。ソースからドレインに向かって電流が流れるとき（$I_D < 0$），この逆電流はボディダイオードを流れるため，ゲート電圧でコントロールできない。

MOSFET はドレイン – ソース間がオンすると，多数キャリヤ（n チャネルでは電子）のみがドレイン電流に関与するデバイスである。チャネルが消失すればドレイン電流も同時に遮断されるため，ターンオフが速い（30 〜 200 ns）。このため，数百 kHz 以上の高速スイッチングが可能である。

その一方で，チャネルは狭いため，電流が流れにくい。MOSFET では，この流れにくさを**オン抵抗**と呼ばれる等価抵抗値で表す。オン抵抗は 1 Ω 程度以下であるが，損失は電流の 2 乗とオン抵抗に比例する。大電流を流すときにはオン抵抗の低い MOSFET を選定する。

ところで，MOSFET にはゲート電流が流れないと記したが，実際はオンする際にゲート電極を充電する電流が必要である。ゲートが MOS 層を挟んでチャネルとの間に電界（電位差）を形成するためである[†]。高速スイッチング

[†] 等価的にゲートとチャネル間ではコンデンサが形成されていると考えられる。この容量をゲート容量と呼び，数十〜数百〔nF〕程度である。コンデンサについては 5 章で解説する。

時にはドライブ回路の電流供給が問題となる。

また，MOSFETをターンオフするときは，ゲートに充電された電荷によってゲート電圧が保たれ，MOSFETがオフできなくなることがある。このような場合には，図4.21に示すようにゲートとグランドの間に放電用抵抗を用いる。放電用抵抗は $100 \sim 470 \mathrm{k}\Omega$ 程度を用いる。また，$100\,\Omega$ 程度の動作安定用抵抗を用いなければ，スイッチング時に電圧変動が生じることがあるため注意が必要である。

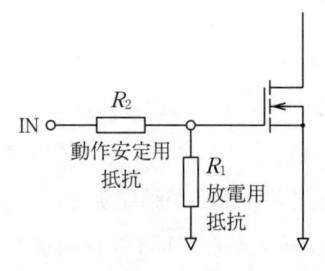

図 4.21 MOSFET ドライブ回路

ティータイム

FETの端子名

　FETの端子名 source は水源，channel は水路，drain は排水溝である。FETは，チャネルの多数キャリヤを，水源から水路を通して排水溝へと流す素子である。nチャネルでは電子がソースからチャネルを通ってドレインへと流れる。このため電流は，排水溝から入って水源へと流れる。

4.2.4　IGBT

IGBT（insulated gate bipolar transistor）は，MOSFETの特徴であるゲートの電圧駆動と，トランジスタの特徴である高耐圧，高導電性を合わせ持つ複合素子である。

図 4.22 に IGBT の回路図記号と内部構造を示す。図 4.18 に示した MOSFET

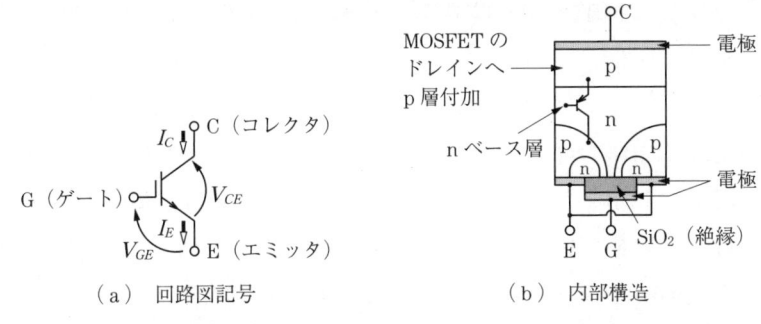

図 4.22 IGBT

のドレイン側にp層を加えてコレクタとした構造である。コレクタからエミッタへの電流I_Cは，ゲート電圧V_{GE}によってコントロールされる。

MOSFETと同様にIGBTへプラスのゲート電圧V_{GE}が印加されたとき，絶縁体に接したp層では，エミッタのn層から移動する電子によって反転層（nチャネル）が形成される。図4.22(b)のように，IGBTのコレクタ-エミッタ間は二つのpn接合面を持つpnpトランジスタと同じ構造であるため，IGBTの等価回路図は**図 4.23**のようになる。ゲート電極下に形成されたnチャネル層を通過して**nベース層**に流入する電子は，pnpトランジスタにおけるベースへの電子流入と同様に働く。nベース層からIGBTのコレクタにあるp層（pnpトランジスタのエミッタ）へ電子が移動した結果，IGBTのコレクタからnベース層へもホールが移動して一部は再結合する。その一方で，大多数のホールはnベース層を通過し，IGBTのエミッタにあるp層（pnpトランジスタのコレクタ）へ達する。これはpnpトランジスタが動作する原理と同様である。

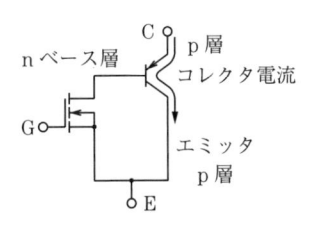

図 4.23 IGBTの等価回路

ターンオフはIGBTへ0V以下のゲート電圧V_{GE}を印加する。このときnチャネル層は消滅し，nベース層への電子供給も止まるためIGBTはターンオフする。

回路電流（IGBTのコレクタ電流I_C）をコントロールするIGBTのスイッチ動作を図4.24に示す。プラスのゲート電圧V_{GE}を加えるとIGBTはターンオンし，低いオン電圧V_{CE}でコレクタ電流I_Cが流れる。0V以下のゲート電圧を加えるとIGBTはターンオフするが，オン期間中に蓄積したnベース層内のキャリヤが消滅するまでターンオフが遅れる（0.3〜2μs）。この遅れ期間に流れるI_Cを**テール電流**と呼ぶ。テール電流はスイッチング損失の原因となり，スイッチング速度を低下させる。

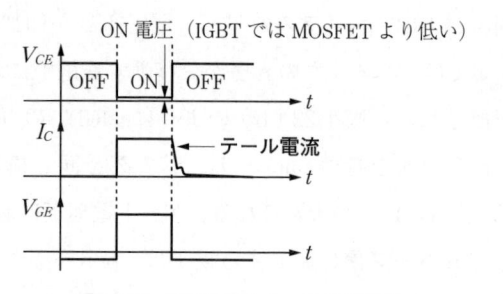

図4.24 IGBTのスイッチング動作

IGBTはトランジスタよりも高速にスイッチングコントロールしながらも，トランジスタと同等な低いオン電圧（コレクタ - エミッタ間電圧）で動作する。このため高速なスイッチングによって大電流をコントロールする回路に適している。しかし，IGBTはテール電流があるため，スイッチング速度はMOSFETに及ばず，通常20kHz以下のスイッチング周波数で使用される[†]。

---

† MOSFETは10MHz程度まで使用されている。

[**演習問題**]

4.1 p形, n形半導体それぞれの多数キャリヤ, 不純物として添加される元素の価数を答えよ。

4.2 温度が上昇すると, 半導体の電気伝導度はどう変化するか。また, その理由を述べよ。

4.3 図4.10に示す回路で, 電源電圧 $V_{CC}=24\,\mathrm{V}$, LED電流 $I_D=5\,\mathrm{mA}$ として, 緑色LEDの電流制限抵抗を決めよ。カットイン電圧は2.5Vとして計算せよ。

4.4 図4.13(a)に示す回路で $V_T=24\,\mathrm{V}$, $R_T=2\,\mathrm{k\Omega}$ である。トランジスタのコレクタ-エミッタ間飽和電圧が0.4Vのときのコレクタ電流 I_C を求めよ。

5 センサを用いたモータ回路

メカトロニクス機器では，センサからの入力に応じてアクチュエータがコントロールされる。例えば自動ドアの開閉は，センサが人を感知してモータを回し，センサがドアの移動量を感知してモータを止める。この章では，センサを用いてモータをコントロールする基礎を学ぼう。

5.1 温度センサを用いたファンコントロール回路

図 5.1 は温度を計測し，設定値以上になったときに冷却ファン（DC モータ）を回す回路である。LM35（IC_1）は，摂氏温度〔℃〕に比例する電圧を出力する。LM35 の出力を LM358 オペアンプ（IC_2）が増幅し，コンパレータ接続とした LM358（IC_3）は温度を設定値（参照電圧）と比較し，温度が設定を上回ればトランジスタ Q_1 をオンしてファンを駆動する。

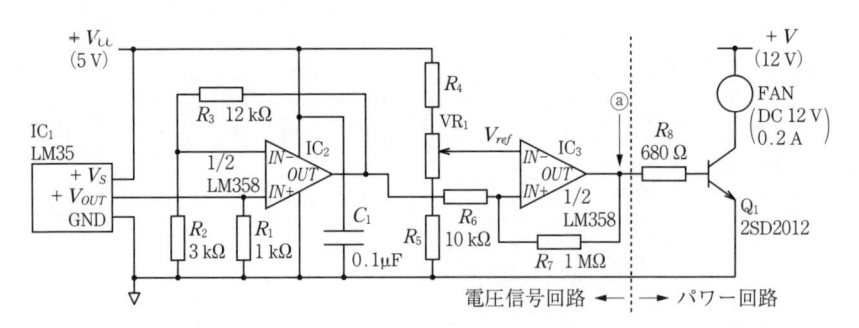

図 5.1 温度センサを用いたファンコントロール回路

5.1.1 温度センサ

LM35 はテキサス・インスツルメンツ社の温度センサ IC である（**図5.2**）。パッケージの温度 t〔℃〕を電圧に変換する。LM35 の出力電圧 V_{OUT} は

$$V_{OUT} = 10 \times t \text{ 〔mV〕} \tag{5.1}$$

である。LM35 は 0℃〜+100℃ の範囲で標準 ±0.9℃ の測定精度を持つ。また，電源電圧は +4〜20 V の範囲で使用できる。

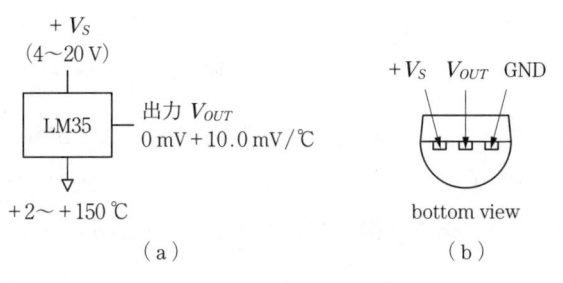

図5.2 LM35 温度センサ[1]

5.1.2 オペアンプ

図5.1 の IC_2 および IC_3 の▷マークが，オペアンプである。IC_2 は LM35 温度センサの出力を 5 倍に**増幅**[†]する非反転アンプ回路を構成する。IC_3 は IC_2 の出力と参照電圧 V_{ref} の大小を比較するコンパレータ回路を構成する。

〔1〕 オペアンプとは

図5.3 にオペアンプを示す。オペアンプは二つの入力端子，非反転 $IN+$ と反転 $IN-$，一つの出力端子 OUT を持った半導体集積回路（IC）である。ふつうのオペアンプを動作させるためには，プラス（$+V_{CC}$）とマイナス（$-V_{CC}$）の「両電源」が必要であるが，LM358 はプラス電源とグランド（GND）の「片電源」で動作できる。オペアンプは片電源であれば +5〜+30 V，両電源であれば ±3〜15 V の電源電圧で使用する。なお，オペアンプも ±電源，

[†] 入力電圧に比例した出力電圧を得ることを増幅という。増幅は，入力される電力（エネルギー）が増えるのではない。オペアンプは外部電源（$+V_{CC}$）から供給されたエネルギーを使って，入力電圧の振幅を拡大して出力する。

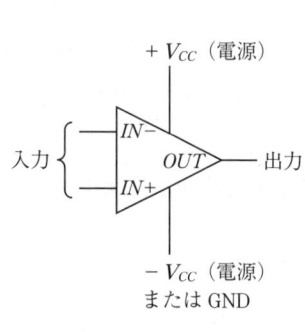

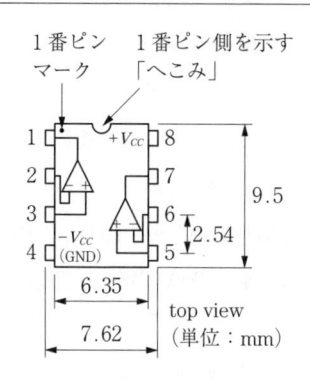

図 5.3 オペアンプ　　　　**図 5.4** デュアルオペアンプ

あるいは電源とグランドを省略して回路図に描かれることが多い。

LM358 は一つのパッケージに二つのオペアンプ回路が入った「デュアル」(dual) オペアンプである（**図 5.4**）。2列にリード端子（足）が並んだ DIP (dual inline package) パッケージに収められている。パッケージには1番ピンを示すマークと，1番ピン側を示す「へこみ」がある。上から見て（top view）1番ピンから反時計回りにピン番号が付けられている。足と足の間隔は 1/10 インチ＝2.54 mm であり，列の間隔は 3/10 インチ＝7.62 mm である。電子部品はアメリカで発展したため，1/10 インチが基準寸法となっている。

〔2〕 オペアンプにはパスコンが必要

図 5.1 の C_1 は，オペアンプの電源と GND 端子の間に接続する「パスコン[†]」である。0.01〜0.1 μF の積層セラミックコンデンサを使用する。

パスコンは，回路素子（オペアンプ IC やトランジスタや MOSFET）に供給される電源電圧の変動を小さくする。回路素子が出力電流を大きくするときには，素子の電源端子の電流も大きくなる。しかし，電源から素子までのラインにはインダクタンスがある。インダクタンスは，瞬間的な電流変化を妨げる。したがって素子への電流が増えた瞬間に，電源ラインの電流が追従して増加することができず，素子の電源端子の電圧が降下する。この電圧変動が，回路動

[†] パスコンは，バイパスコンデンサの略であるが和製英語である。英語では decoupling capacitor と呼ばれる。

図 5.5（a）に示すようにパスコンは，瞬時的な回路素子（オペアンプIC）電流の増加に起因する電源端子の電圧降下 $-\Delta V$ に対して，内部の電荷を放電して電圧降下を減じるよう働く．あるいは瞬間的な電源端子の電圧上昇 $+\Delta V$ に対しては，電荷を内部に蓄えて変動を抑えるよう働く（図 5.5（b））．パスコンは，オペアンプICのすぐ近く，3 cm 以内のところに取り付ける．

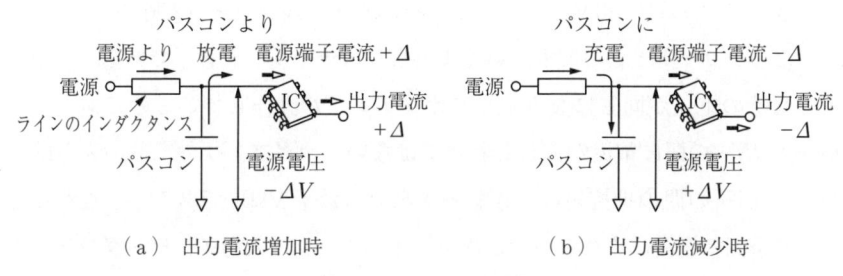

(a) 出力電流増加時

(b) 出力電流減少時

図 5.5　パスコンの動作

〔3〕 オペアンプの動作

オペアンプは，二つの入力端子の電圧の差を増幅して，一つの出力端子に出力する．非反転入力端子 IN+ の電圧を V_{IN+}，反転入力端子 IN− の電圧を V_{IN-}，電位差を ΔV とすれば

$$\Delta V = V_{IN+} - V_{IN-} \quad [\mathrm{V}] \tag{5.2}$$

出力端子 OUT の電圧を V_{OUT} とすれば

$$V_{OUT} = A \cdot \Delta V \quad [\mathrm{V}] \tag{5.3}$$

である（図 5.6）．ここで A を**オープンループゲイン**あるいは**オペアンプのゲイン**と呼ぶ．

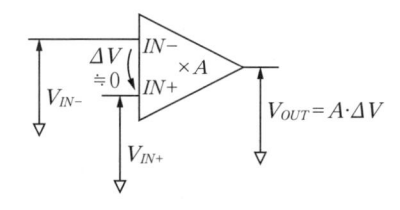

図 5.6　オペアンプの動作

ゲイン A は 10 万〜 100 万倍くらいと，たいへん大きな値である。仮に出力電圧が 1 V あれば，そのときの入力端子の電圧差 ΔV は，1/10 万〜 1/100 万であるから，$\Delta V = 1 \sim 10\,\mu\mathrm{V}$ である。

μV と単位を記すのは簡単であるが，μV を計るのは容易ではない。そこらにあるテスタや電圧計で計ったとしても 0 V を指す。つまりは，オペアンプが正常に動作しているとき（出力が $+V_{CC}$ あるいは $-V_{CC}$ になったり発振していないとき）には，$\Delta V \approx 0\,\mathrm{V}$ である。これを**バーチャルショート**と呼ぶ。

ただしショートといっても，あくまでもバーチャル（仮想）である。二つの入力端子の電位が同じになるようにオペアンプが動作しているのであって，$IN+$ と $IN-$ の間に電流が流れるわけではない。オペアンプの二つの入力端子 $IN+$ と $IN-$ の間の抵抗値は，きわめて高い（数十 MΩ）である。したがって入力端子間に電流は流れない。これを，オペアンプの**入力インピーダンス**が高いという。

さて，オペアンプが正常に動作しているときにはバーチャルショート状態となる。この性質を利用すれば，回路が思いどおりに動かないとき（もちろん電源を入れた状態で），図 5.7 のように二つの入力端子間の電圧を測れば，オペアンプが正常動作しているかを判定できる。いうまでもなく，まともに動いていれば，$\Delta V \approx 0\,\mathrm{V}$ である。$\Delta V \neq 0\,\mathrm{V}$ であれば，はんだ不良があるか，オペアンプ周りの配線が間違っているか，まれにオペアンプが壊れているか，である。

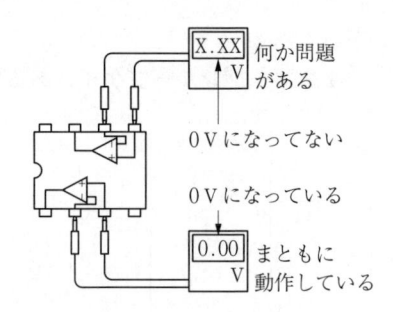

図 5.7　バーチャルショートを利用してオペアンプを調べる

〔4〕非反転アンプ

図5.8はオペアンプの非反転アンプ接続である。オペアンプの周囲に3本の抵抗を用いた回路である。この**回路のゲイン（クローズドループゲイン）** G は，入力電圧 V_{IN} と出力電圧 V_{OUT} の比であり

$$G = \frac{V_{OUT}}{V_{IN}} = \frac{A}{1 + A\left(\frac{R_i}{R_i + R_f}\right)} \tag{5.4}$$

である。ここでオペアンプのゲイン A は大きいため，式 (5.4) は

$$G \approx 1 + \frac{R_f}{R_i} \tag{5.5}$$

と近似できる。式 (5.4) の厳密解では式中にオペアンプのゲイン A が存在するが，近似式 (5.5) では A は消えている。実質的に回路ゲイン G は，R_i と R_f の2本の抵抗値で決められる。しかも，この近似式の誤差は0.1%にもならない。抵抗の誤差の方がよほど大きい。つまり，回路ゲイン G はオペアンプのゲイン A にかかわりなく，抵抗値によって決まる。

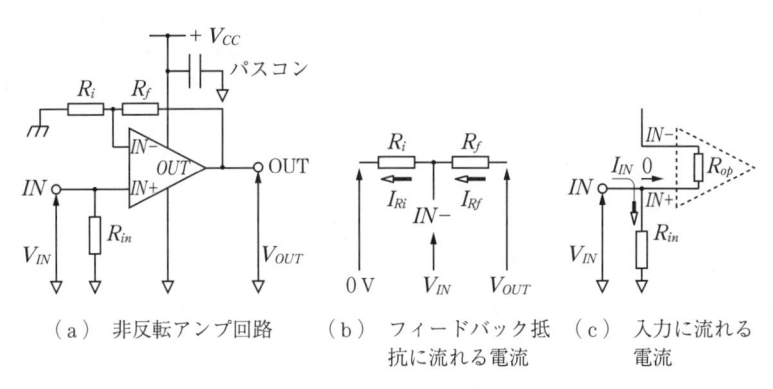

(a) 非反転アンプ回路　(b) フィードバック抵抗に流れる電流　(c) 入力に流れる電流

図5.8 非反転アンプ接続

ただし抵抗比で回路ゲインが決まるとしても，R_i と R_f の2本の抵抗値はまったく任意に選べるわけではない。小さすぎるとオペアンプが十分な電流を供給できなくなる。また，大きすぎるとノイズの影響を受けやすくなるとともに，ほこりや湿気に起因する誤差（部品やプリント基板の表面に漏れる電流か

ら生じる）が大きくなる．実際上は

$$2 \text{ k}\Omega \leqq R_f \leqq 1 \text{ M}\Omega \tag{5.6}$$

とする．

図 5.1 の IC_2 の回路では，R_2 と R_3 が R_i と R_f に相当する．式 (5.5) より，回路ゲイン $G=5$ と求まる．IC_2 は，入力信号（入力電圧）を 5 倍にして出力する．

〔5〕 オペアンプ動作の考え方

式 (5.3) は，「オペアンプは二つの入力端子間の電位差を増幅して出力する」ことを示している．実際，オペアンプはそのとおり動作する．しかし，考え方としては「オペアンプは，二つの入力端子間の電位差を 0 にするように動作する」とした方がわかりやすい．

図 5.8 (a) の回路では，入力 IN には電圧 V_{IN} が入力されている．V_{IN} は，オペアンプの $IN+$ 端子にそのまま入力される．このときオペアンプは，$IN-$ 端子の電圧を $IN+$ 端子の電圧である V_{IN} に等しくするように動作する．

いま，$IN-$ 端子には抵抗 R_i と R_f がつながっている．R_i と R_f には図 5.8 (b) に示す電圧が加わる．するとオームの法則より抵抗 R_i には

$$I_{R_i} = \frac{V_{IN} - 0}{R_i} \text{ 〔A〕} \tag{5.7}$$

が流れ，R_f には

$$I_{R_f} = \frac{V_{OUT} - V_{IN}}{R_f} \text{ 〔A〕} \tag{5.8}$$

が流れる．ここで，オペアンプの入力インピーダンスは高い．つまり $IN+$ 端子にも $IN-$ 端子にも電流は流れない．したがって，オペアンプの出力から I_{Rf} に流された電流は，すべてが I_{R_i} へと流れる．式 (5.7), (5.8) より

$$\frac{V_{OUT} - V_{IN}}{R_f} = \frac{V_{IN} - 0}{R_i} \text{ 〔A〕} \tag{5.9}$$

であり，これを整理すると

$$\frac{V_{OUT}}{V_{IN}} = \frac{R_f + R_i}{R_i} = 1 + \frac{R_f}{R_i} \tag{5.10}$$

5.1 温度センサを用いたファンコントロール回路

が求められる．これは式 (5.5) の近似解である．

〔6〕 回路の入力インピーダンス

図 5.8（a）の R_{in} は，**回路の入力インピーダンスを決める抵抗である．**図 5.8（c）に示すように入力 IN は IN+ とつながっているが，オペアンプの入力インピーダンス R_{op} は数十 MΩ あり，$R_{op} = \infty$ の状態と変わりない．入力 IN から流れ込む電流はほぼすべてが R_{in} に流れる．したがって，入力 IN から見れば回路の入力インピーダンスは R_{in} となる．回路の入力インピーダンスと，オペアンプの入力インピーダンスは別である．

R_{in} は高くするとそれだけ外来ノイズの影響を受けやすくなる．実用上は

$$1 \text{ k}\Omega \leq R_{in} \leq 100 \text{ k}\Omega \tag{5.11}$$

とする．ただし R_{in} は，入力に接続されるデバイスにとっては負荷抵抗である．下げ過ぎるとドライブできなくなるため

$$R_{in} [\Omega] \geq \frac{\text{デバイスの最大出力電圧 [V]}}{\text{デバイスの最大出力電流 [A]}} \tag{5.12}$$

としなければならない（デバイスによっては最小負荷抵抗値が決められている）．LM35 は最大出力電流 10 mA である．最大観測温度 100℃ での電圧出力は 1 000 mV となるので

$$R_{in} \geq \frac{1\ 000 \text{ mV}}{10 \text{ mA}} = 100 \text{ }\Omega \tag{5.13}$$

である．図 5.1 の R_1 は十分な余裕がある．

〔7〕 **電子回路とノイズ**

電子回路の周りには，いろいろな電磁波を発生する「ノイズ源」がある．コンピュータやディジタルカメラ，ディジタル音楽機器，蛍光灯や自動車，あるいは自然界からも雷や静電気の放電による電磁波が到来する．また，100 V の商用電源も 50/60 Hz の電磁波を放射する．電磁波がやって来れば，電磁誘導によってラインに起電力が生じる（**図 5.9**）．

ところで，起電力が生じても「電圧」が現れなければ影響はない．ノイズ電圧は，起電力による誘導電流×入力インピーダンスに比例する．ラインが入力インピーダンスの低い回路に接続されていれば，ラインに起電力が生じてもノ

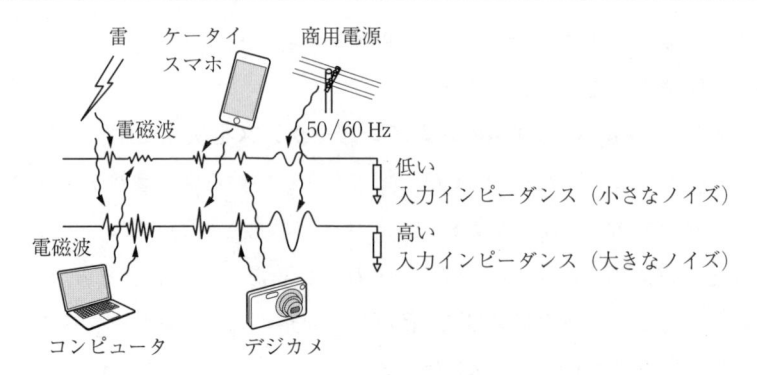

図 5.9 ラインにはいろいろなノイズが飛び込んでくる

イズ電圧は抑えられる。

さらに外部からのノイズが電子回路に飛び込まないようにするためにはシールドケースを使用する。電子回路基板のグランドとケースは1箇所のみで接続させる。

〔8〕 **オペアンプ回路のフィードバック**

自動制御を勉強した人。式 (5.4) が

$$G = \frac{A}{1 + A\beta} \tag{5.14}$$

の形であることに気付いたならすばらしい。よく勉強した証拠だ。知らなかった人はここで覚えればよい。式 (5.14) は，図 5.10 (a) のブロックダイアグラムに示す，ゲイン A のアンプにフィードバックファクタ β のフィードバックを用いた系のゲインである。

（a）ブロックダイアグラム表示　　　（b）回路図表示

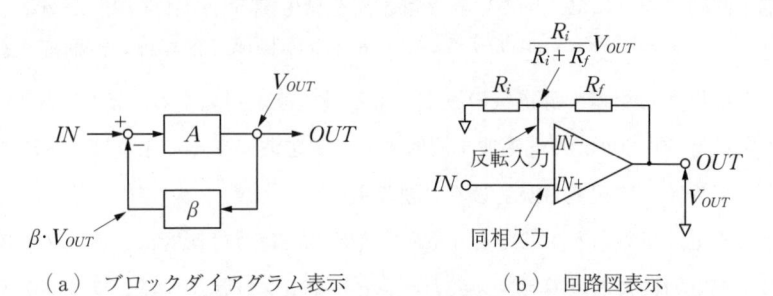

図 5.10　オペアンプのフィードバック

5.1 温度センサを用いたファンコントロール回路

図（b）に示すように，R_f と R_i は出力電圧 V_{OUT} を分圧して反転入力 $IN-$ に戻す。$IN-$ 端子の電圧 V_{IN-} は

$$V_{IN-} = \frac{R_i}{R_f + R_i} V_{OUT} = \beta V_{OUT} \quad [\mathrm{V}] \tag{5.15}$$

となる。オペアンプの出力電圧を反転入力に戻すことは，図（a）の加算点での引き算と同じである。

フィードバックは出力の一部を反転させて入力に戻すことによって，特性を改善する手法である。じつは，オペアンプのゲイン A は，同じ型番であってもオペアンプごとに異なり，1個のオペアンプであっても温度によって変化する。A が変化したために回路ゲイン G が変化したのでは都合が悪い。けれどもフィードバックを使用していれば式 (5.5) に示したように，抵抗値だけで回路ゲイン G が定まる。つまり A が変動しても，G は一定を保ち続ける。

アナログ電子回路においてフィードバックは，ゲインを安定させ，周波数特性をフラットにし，入出力の直線性を向上するなどの効果をもたらす。電子回路では negative feedback の頭文字から NF あるいは NFB と呼ぶ。

5.1.3 受動素子

〔1〕 受動素子の定数

抵抗やコンデンサの値は，4.7 kΩ とか 39 pF とか，やたらと半端な数字が使われている。なぜだろうか。

表5.1に部品の値を示す。10 倍の範囲に 12 値がある E12 系列，24 値がある E24 系列などが定められている。これは 10 倍の間を，等倍間隔になるように 12 あるいは 24 等分した値（一部に若干のずれがある）である。E12 系列を

表5.1 E12，E24 系列値

E12	1.0		1.2		1.5		1.8		2.2		2.7	
E24	1.0	1.1	1.2	1.3	1.5	1.6	1.8	2.0	2.2	2.4	2.7	3.0
E12	3.3		3.9		4.7		5.6		6.8		8.2	
E24	3.3	3.6	3.9	4.3	4.7	5.1	5.6	6.2	6.8	7.5	8.2	9.1

式で示せば

$$E12 = 10^{\frac{i}{12}} \quad (i = 0, 1, 2, \cdots, 11) \tag{5.16}$$

である。

このように等倍間隔とすることの利点は，どんな値が必要になったときでも，E12系列なら±10％，E24系列なら±5％以内の誤差で，必要な値のパーツが得られることである。

例えば，7 kΩが必要であったとする。E24系列であれば，7の下は6.8，7の上は7.5である。それぞれの誤差は

$$\text{Error} = \frac{6.8 - 7}{7} \times 100 = -2.9\% \tag{5.17}$$

$$\text{Error} = \frac{7.5 - 7}{7} \times 100 = +7.1\% \tag{5.18}$$

であり，6.8 kΩを用いれば−2.9％の誤差値が得られる。

コンデンサはE12またはE24系列の値が，抵抗はE24系列の値が用意されている。特に精度の高い金属被膜抵抗（±1％）では1％以内の誤差値が得られるE96系列も用意されている。

〔2〕 受動素子の誤差

式(5.5)からわかるように，オペアンプのゲイン誤差は回路動作に影響しない。しかし，受動素子の定数誤差は，いろいろな影響を与える。式(5.5)に抵抗値の誤差εを考慮すると，ゲインの最大値G_{max}，最小値G_{min}はそれぞれ

$$G_{max} \approx 1 + \frac{R_f(1+\varepsilon)}{R_i(1-\varepsilon)} \tag{5.19}$$

$$G_{min} \approx 1 + \frac{R_f(1-\varepsilon)}{R_i(1+\varepsilon)} \tag{5.20}$$

となる。図5.1の回路のR_2とR_3に誤差±5％の抵抗を用いれば，ゲインの最大値と最小値は

$$G_{max} \approx 1 + \frac{4(1+0.05)}{1(1-0.05)} \approx 5.42 \tag{5.21}$$

$$G_{\min} \approx 1 + \frac{4(1-0.05)}{1(1+0.05)} \approx 4.62 \tag{5.22}$$

となる．正確なゲインを得るためには精度の良い抵抗を使い，さらに正確さが必要なときには半固定抵抗を用いて調整する．

〔3〕**抵 抗 の 種 類**

電子回路にもっぱら使われる抵抗は，カーボン抵抗（炭素皮膜固定抵抗器），金属被膜抵抗（金属被膜固定抵抗器），酸化金属被膜抵抗（酸化金属被膜固定抵抗器）の3種類である．名称は抵抗体の材質を表している．

カーボン抵抗は，セラミック芯に炭素系の抵抗体を焼き付け，らせん状に溝を切って抵抗値を調整した抵抗器である．精度±5％であり，温度による抵抗値変化もあるが，安価であり，最もよく使われる小型抵抗器である．定格電力は1/4Wが一般的に使われる．ほかに1/8W，1/2Wなどもある．

金属被膜抵抗は，セラミック芯に金属被膜を蒸着させ，らせん状に溝を切って抵抗値を調整した抵抗器である．カーボン抵抗に比べ高い精度（標準で±1％．±0.5％，±0.2％などもある）が得られ，また温度係数が小さく（±200ppm/K程度），熱雑音が低いため，微小信号回路や精度を要求される用途で使用される．定格電力は1/4～1W程度である．

酸化金属被膜抵抗は，抵抗体に酸化スズなど金属酸化物を用いた抵抗器である．定格電力が1～5Wと大きいため，電力を消費する箇所に用いられる．

抵抗の定格電力は，周囲温度70℃での消費電力の上限として定められている．しかし，抵抗にもI^2Rのジュール熱が発生するため，プリント基板上に並べられた状態では，温度はさらに上昇する．目安として，定格電力の半分以下で使用する．

〔4〕**可 変 抵 抗**

可変抵抗器は，**ボリューム**，**ポテンショメータ**とも呼ばれる（**図5.11**）．一般に可変抵抗といえば，6mmシャフトを指で回して抵抗値を可変できるタイプ（図(a)）を指す．ドライバなどで操作し，一度調整したらそのままの値で使用するタイプ（図(b)，(c)）は**半固定抵抗**と呼ぶ．

(a) 可変抵抗器　　(b) 半固定抵抗器　　(c) 半固定
　　　　　　　　　　　（多回転型）　　　　　抵抗器

図 5.11　可変抵抗器

　可変抵抗では，抵抗体の上をスライダと呼ばれる可動端子を移動させて抵抗値を調節する（**図 5.12**）。固定端子間の抵抗値は変わらず，可動端子と固定端子間の抵抗値が変化する。可変抵抗の値は，固定端子間の抵抗値で表す。5 kΩ の可変抵抗は，固定端子間の抵抗値が 5 kΩ であり，可動端子と固定端子の間を 0 〜 5 kΩ に調整できる。

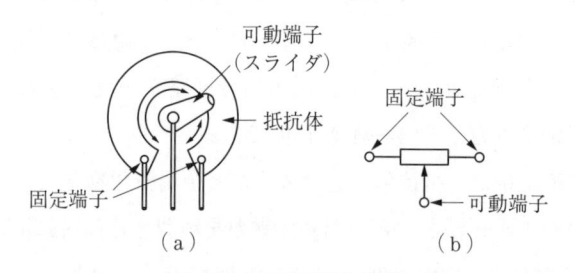

図 5.12　可変抵抗の構造

　図 5.13（a）に示すように，回路図記号としては 2 端子の可変抵抗もある。この場合は図（b）のように，固定端子の一方を可動端子と接続する。なお，図（c）としても抵抗値の調整は可能であるが，抵抗体と可動端子の間の接触

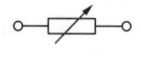

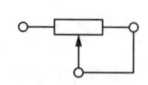

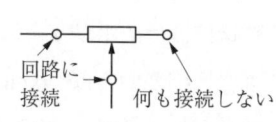

(a) 回路図上の表記　　(b) 実際の接続　　(c) やってはいけない接続

図 5.13　可変抵抗の接続

不良が生じると,抵抗値が無限大となる危険性がある。図(c)の接続は使用しない。

可変抵抗の抵抗値は,1 kΩ,2 kΩ,3 kΩ のように 1, 2, 3, 5, 10 と並んでいる。1, 3, 10 は約3倍,1, 2, 5, 10 は約2倍の等倍間隔である。また,通常品の精度は±10%,定格電力は 1/2 W である。

可変抵抗にはつまみの回転角に抵抗値の変化が比例するBカーブ,音量調整に使用されるAカーブなどがある(**図 5.14**)。音量の調整以外ではBカーブを使用する。なお,半固定抵抗はBカーブである。

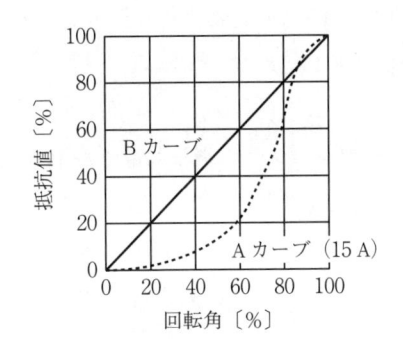

図 5.14 可変抵抗器のカーブ

〔5〕 コ ン デ ン サ

回路図記号(**図 5.15**(a))が示すようにコンデンサは,絶縁体(誘導体)を挟んだ平行な電極板である。ただし電極が平行のままでは,部品外形が大きくなりすぎるので,電極をぐるぐる巻いて円筒形としたものが多い(図(b))。コンデンサに電圧 V を印加すれば,電荷が蓄えられる(図(c))。ここで上の

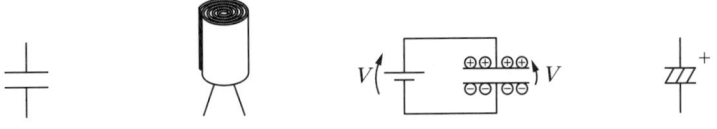

(a) コンデンサ回路図記号 (b) 円筒形に巻かれたフィルムと電極 (c) 電極間にためられた電荷 (d) 電解コンデンサ回路図記号

図 5.15 コンデンサ

極板には ⊕ を記しているが，これは電子が不足した状態を表す。不足した数の電子が下の極板で過剰となっている。

コンデンサ極板の面積が大きいほど，また，極板間の誘電体の誘電率が大きいほど，蓄えられる電荷の量も大きくなる。コンデンサが電圧 V〔V〕でどれだけの電荷を蓄えられるかを，コンデンサの**容量**あるいは**キャパシタンス**と呼ぶ。単位は F（ファラド）である。ただし，F は電子回路には大きすぎる単位であるため，部品としてのコンデンサには μF，nF，pF などの接頭語付き単位が使われる。

コンデンサの端子間電圧 V〔V〕と蓄えられた電荷量 Q〔C〕の関係は，キャパシタンス C〔F〕を係数として

$$Q = C \times V \quad 〔\text{C}〕 \tag{5.23}$$

となる。例えば，1 μF のコンデンサの端子間電圧が 10 V であれば

$$Q = 1 \times 10^{-6} \times 10 = 1 \times 10^{-5} \text{ C} \tag{5.24}$$

である。また，式 (1.3) のようにクーロン＝アンペア×秒であるから，このコンデンサを 5 mA の電流で 0 から 10 V まで充電すると考えれば，充電時間 t〔s〕は

$$t = \frac{1 \times 10^{-5}}{5 \times 10^{-3}} = 2 \times 10^{-3} \text{ s} \tag{5.25}$$

となる。

コンデンサには極性を持つものもある。図 (d) は電解コンデンサの回路図記号であり，プラス側に＋が示される。

なお，日本でコンデンサと呼ばれるパーツは，英語では capacitor と呼ぶ。これもかつては condenser と呼ばれていたものが英語での呼び方が変わったためである。

5.1 温度センサを用いたファンコントロール回路

ティータイム

コンデンサとコイルのインピーダンス

インピーダンス Z〔Ω〕とは，交流の周波数によって変化する抵抗の大きさである．抵抗（周波数が異なっても抵抗値 R〔Ω〕は一定）とコイルのインダクタンス L〔H〕とコンデンサのキャパシタンス C〔F〕から計算する．周波数 f とすれば

$$Z = R + j \cdot 2\pi f \cdot L + \frac{1}{j \cdot 2\pi f \cdot C} \quad 〔Ω〕$$

となる．虚数単位 j のついた式で表されるが，難しい計算はエレキ屋に任せておけばよい．

コイルのインピーダンスの大きさは $2\pi f \cdot L$〔Ω〕である．直流（$f=0$ Hz）では 0 であり，周波数の上昇に比例して大きな抵抗となる．**直流は通すが，高い周波数の交流は通しにくい素子がコイルである．**

コンデンサのインピーダンスの大きさは $1/(2\pi f \cdot C)$〔Ω〕である．直流では無限大であり，周波数の上昇に反比例して抵抗は小さくなる．**高い周波数の交流は通すが，直流は通さない素子がコンデンサである．**

エレキ屋はしばしば「インピーダンス」というが，「抵抗の大きさ」と理解しておけばよい．

高周波と低周波

電子回路では，交流は周波数によって，高周波と低周波と分けて考えられる．

低周波は，商用電源の周波数（東日本 50 Hz，西日本 60 Hz）を含み，人間の耳に聞こえる帯域（可聴帯域）20 Hz〜20 kHz あたりまで，高周波はおおむね 100 kHz より上と考える．ラジオ（中波，FM），テレビ（地デジ，衛星）などの電波は高周波である．

低周波では，電線と電線の間の空間を伝わる電磁波（電波）を意識しなくてもよいが，高周波では電磁波としての伝搬を考えなくてはならない．

モータの駆動回路として考えれば，低周波（可聴帯域）のスイッチングは，音として人間にも聞こえる．電車のモータのインバータ制御音などは乗客にも聞こえる．しかし，モータ駆動回路のスイッチング周波数を高くすることは，いろいろと難しい．

またスイッチングには，スイッチング周波数の整数倍の周波数でノイズが発生する．スイッチング回路は，高周波ノイズ源となり得る．

〔6〕 **コンデンサの種類**

電子回路には，積層セラミックコンデンサ，フィルムコンデンサ，電解コンデンサが用いられる（**図 5.16**）。

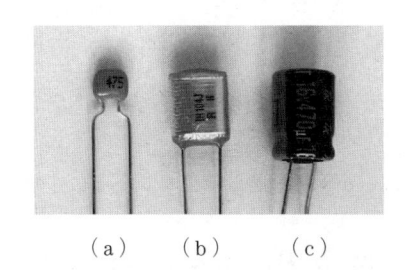

(a) 積層セラミックコンデンサ
(b) フィルムコンデンサ
(c) 電解コンデンサ（ケミコン）

(a)　　(b)　　(c)

図 5.16　コンデンサ

積層セラミックコンデンサ（図(a)）は，誘電体にチタン酸バリウムなどのセラミックスを使用し，複数の電極と誘電体を積層した構造となっている。小型で高周波特性に優れるためパスコンに最適である。パスコンには 0.001 〜 1 μF が用いられる。精度は ±10% のものが多いが，パスコンに精度は不要である。定格電圧（耐圧）は 25 〜 50 V が一般的である。定格電圧未満の電源に使用する。セラミックコンデンサは温度による容量変化が大きいため，正確な容量を必要とする用途には向いていない。

フィルムコンデンサ（図(b)）は，ポリプロピレンなどの高分子フィルムを誘電体として，蒸着したアルミを電極とする。容量は 0.001 μF（1 nF）〜 10 μF 程度が市販され，精度は ±5% が一般的である。温度変化に対しても容量の変化は小さく，フィルタなど，容量の精度を要求される回路に用いる。

積層セラミックコンデンサやフィルムコンデンサの容量は 3 桁の数字で表される。数値は，上位 2 桁 $\times 10^{3桁目}$〔pF〕と読む。図(a)の 475 は 47×10^5 pF $= 4.7$ μF であり，図(b)の 104 は 10×10^4 pF $= 0.1$ μF である。フィルムコンデンサの容量 104 の最後に示されるアルファベットは精度を表す。J は ±5% であり，K は ±10% である。

電解コンデンサ（ケミコン）（図(c)）は，アルミ電極に形成された酸化皮膜を誘電体として，電解液を介して電極を形成したコンデンサである。1 〜

5.1 温度センサを用いたファンコントロール回路

ティータイム

抵抗値の読み方

抵抗値は，カラーコードと呼ばれる4本または5本の色帯で示される（**表**）。

図に示すように4本線の場合，第1色帯と第2色帯をそのまま2桁の数字として読み，第3の色帯に示される乗数を掛ける。黄，紫，赤であれば $47 \times 10^2 = 4700\,\Omega = 4.7\,\mathrm{k}\Omega$ となる。そして第4の色帯が許容誤差（誤差）を表す。金色であれば $\pm 5\%$ であり，抵抗値は常温（25℃）にて $4.465 \sim 4.935\,\mathrm{k}\Omega$ の範囲となる。

5本線の場合は第1〜3色帯を3桁の数字として読み，第4の色帯が乗数となる。青，灰，黒，赤であれば，$680 \times 10^2 = 68\,000\,\Omega = 68\,\mathrm{k}\Omega$ となる。5本線の場合，第5の色帯が誤差であり，茶は $\pm 1\%$ である。

表 カラーコード

色	第1色帯	第2色帯	（第3色帯）		乗数	許容誤差
銀					10^{-2}	$\pm 10\%$
金					10^{-1}	$\pm 5\%$
黒		0	0		10^0	
茶	1	1	1		10^1	$\pm 1\%$
赤	2	2	2	×	10^2	$\pm 2\%$
橙	3	3	3		10^3	
黄	4	4	4		10^4	
緑	5	5	5		10^5	
青	6	6	6		10^6	
紫	7	7	7			
灰	8	8	8			
白	9	9	9			

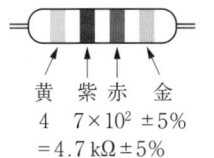

黄 紫 赤 金
$4\ \ 7 \times 10^2\ \pm 5\%$
$= 4.7\,\mathrm{k}\Omega \pm 5\%$

青 灰 黒 赤 茶
$6\ \ 8\ \ 0 \times 10^2\ \pm 1\%$
$= 68\,\mathrm{k}\Omega \pm 1\%$

図

100 000 μF の大きな容量が安価に得られるため，電源回路の平滑コンデンサやプリント基板上のパスコンに用いられる。定格電圧は 10 〜 450 V と広範囲に及ぶが，わずかでも耐圧を超えると破壊するため，使用電圧のピークが定格電圧の 90％ を超えないようにする。図 (c) に示す 16 V 470 μF のように，定格電圧と容量が表記される。ケミコン容量の精度は ±20％ が標準であり，経年変化も大きいため正確な容量を必要とする用途には不向きである。

電解コンデンサには極性があるため注意が必要である。回路図にはプラス側が記されるが，コンデンサのスリーブにはマイナス極性側が示されている。正しく接続しなければ破裂の危険がある。

5.1.4 コンパレータ

〔1〕 オペアンプのコンパレータ接続

図 5.17 (a) にオペアンプの非反転アンプ接続を，図 (b) にコンパレータ接続を示す。コンパレータは二つの入力電圧を比較し，どちらが大きいかを調べる回路である。$V_{IN1} > V_{IN2}$ であれば出力 OUT を電源電圧 $+V_{CC}$ に，$V_{IN1} < V_{IN2}$ であれば 0 V にする。図 (a) の非反転アンプ接続では，OUT と $IN-$ の間にネガティブフィードバック回路が構成されるが，図 (b) のコンパレータ接続では OUT と $IN+$ の間にポジティブフィードバック回路を構成する。ポジティブフィードバックは，出力の一部を反転しないで入力に戻し，ヒステリ

（a） 非反転アンプ接続　　　（b） コンパレータ接続

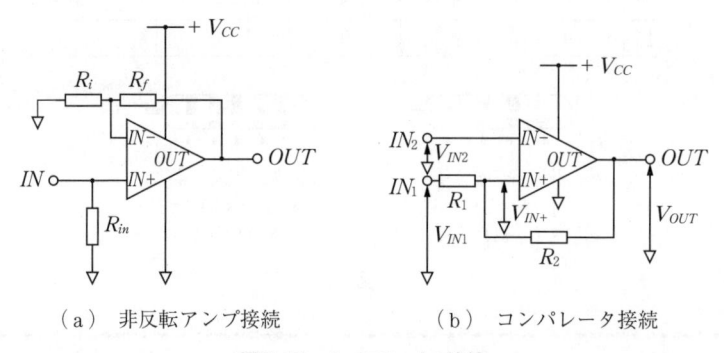

図 5.17　オペアンプの接続

5.1 温度センサを用いたファンコントロール回路

シス動作を加えてコンパレータ出力を安定させる。

もう少し詳しく見てみよう。入力 IN_1 と IN_2 の電圧をそれぞれ V_{IN1}, V_{IN2}, 出力電圧を V_{OUT} とする。図 (b) の回路の $IN+$ 端子の入力電圧 V_{IN+} は, R_1 と R_2 に流れる電流が等しいことより

$$V_{IN+} = \frac{R_2 V_{IN1} + R_1 V_{OUT}}{R_1 + R_2} \quad [\text{V}] \tag{5.26}$$

となる。ただし, $R_2 \gg R_1$ として, $V_{IN1} \approx V_{IN+}$ となるように使用する。

いま, **参照電圧**(しきい値)V_{IN2} に対して電圧 V_{IN1} が図 5.18 に示されるように変化すると, $V_{IN+}(\approx V_{IN1}) > V_{IN2}$ のとき出力 $V_{OUT} \approx V_{CC}$ となる。したがって V_{IN+} は式 (5.26) より

$$V_{IN+} = \frac{R_2 V_{IN1} + R_1 V_{CC}}{R_1 + R_2} = V_{IN1} + \frac{R_1(V_{CC} - V_{IN1})}{R_1 + R_2} \quad [\text{V}] \tag{5.27}$$

に上昇する。$V_{IN+} < V_{IN2}$ となった瞬間, $V_{OUT} \approx 0\,\text{V}$ となる。同時に V_{IN+} は

$$V_{IN+} = \frac{R_2 V_{IN1}}{R_1 + R_2} = V_{IN1} - \frac{R_1 V_{IN1}}{R_1 + R_2} \quad [\text{V}] \tag{5.28}$$

に下降する。再び V_{IN1} が上昇して $V_{IN+} > V_{IN2}$ となった瞬間, $V_{OUT} \approx V_{CC}$ になり, V_{IN+} は式 (5.27) まで上昇する。ここで $R_2 \gg R_1$ であるから非反転入力端子 $IN+$ の電圧 V_{IN+} は, 出力電圧 V_{OUT} が $+V_{CC}$ のときはわずかに高く, V_{OUT} が 0 のときはわずかに低くなるようヒステリシスが加えられる。

信号には必ずノイズが乗っている。ノイズによるわずかな電圧変動にコンパレータが応答すれば, 切替りのタイミングで V_{IN1} と V_{IN2} が逆転を繰り返すた

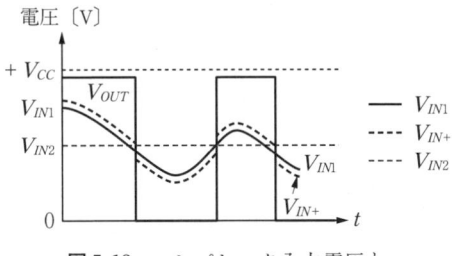

図 5.18 コンパレータ入力電圧と出力電圧

め，出力にチャタリングを生じる（図5.19（a））。このときノイズレベルよりもヒステリシス幅を広く設定すれば，チャタリングを防止できる（図（b））。

（a）ヒステリシスなし　　（b）ヒステリシスあり

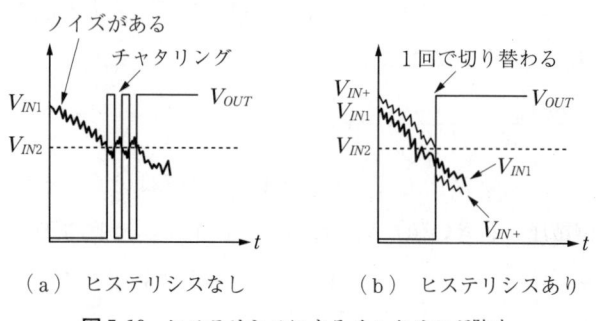

図5.19 ヒステリシスによるチャタリング防止

〔2〕 **コンパレータIC**

図5.1の回路では，オペアンプLM358をコンパレータ接続としたが，コンパレータには専用のICもある。ただしコンパレータも，オペアンプと同じく二つの入力と一つの出力を持つ▷の記号を使うため，回路図記号からは区別ができない。型番で区別する。

図5.20にコンパレータICの内部回路と出力の接続を示す。コンパレータICでは，npnトランジスタのコレクタが出力に接続される。ほかにコレクタには何も接続されていないので，これを**オープンコレクタ**という。オープンコレクタでは，出力と電源$+V$の間にプルアップ抵抗R_{up}を用いて出力電圧

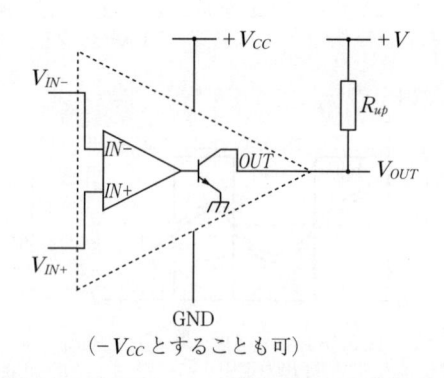

図5.20 コンパレータICの内部回路と出力の接続

5.1 温度センサを用いたファンコントロール回路

V_{OUT} を得る。$V_{IN-} > V_{IN+}$ のときトランジスタはオンになり，出力 OUT より電流を吸い込む。これにより $V_{OUT}=0\,\mathrm{V}$ となる。$V_{IN+} > V_{IN-}$ のときはトランジスタはオフとなり，OUT に電流は流れず $V_{OUT}=+V$ となる。R_{up} がコイルなど，動作する負荷であれば，$V_{OUT}=0\,\mathrm{V}$ のときに負荷電流が流れて動作する（**負論理**）。$V_{OUT}=+V$ のときには電流は流れないから動作しない。

図 5.21 にコンパレータ IC の回路例を示す。図（a）はヒステリシスを用いた非反転コンパレータである。入力電圧 $+V_{IN} <$ 参照電圧 $+V_{REF}$ のときに出力電圧 $V_{OUT}=0\,\mathrm{V}$ となる。図（b）は入力と参照電圧を入れ換えた反転コンパレータであり，$+V_{IN} > +V_{REF}$ のときに $V_{OUT}=0\,\mathrm{V}$ となる。図（c）はウィンドウコンパレータである。$+V_{IN} > +V_{REFH}$ または $+V_{IN} < +V_{REFL}$ のときに $V_{OUT}=0\,\mathrm{V}$ となる。また，この回路ではコンパレータの出力同士が接続されている。この接続を**ワイヤード OR** と呼ぶ。どちらかのコンパレータのトランジスタがオンになれば $V_{OUT}=0\,\mathrm{V}$ になる。

コンパレータは，定格電圧以内であればプルアップ電圧 $V+$ を任意に選べ

（a）非反転コンパレータ

（b）反転コンパレータ

（c）ウィンドウコンパレータ
（ワイヤード OR）

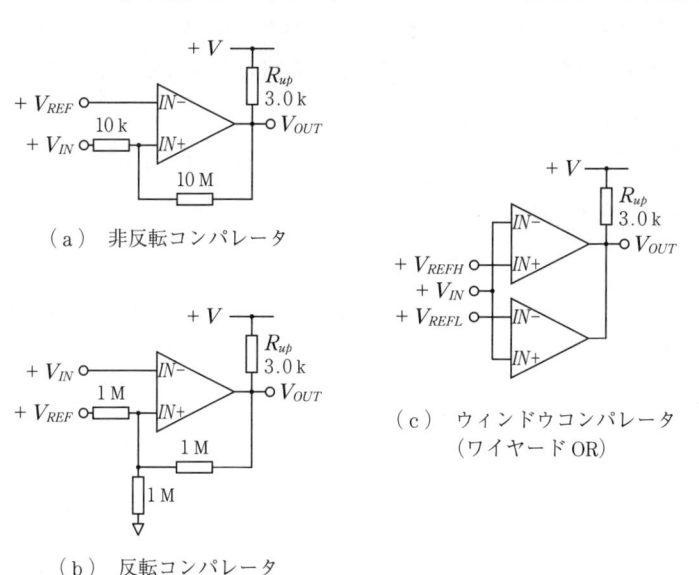

図 5.21 コンパレータ IC の回路例[2)]

る。オペアンプのコンパレータ接続では V_{OUT} は電源電圧 + V_{CC} または GND（両電源のときは - V_{CC}）となる。

〔3〕 **参照電圧の調整**

図 5.1 の IC_3 の $IN-$ 入力には，参照電圧 V_{ref} が入力されている。V_{ref} は R_4，R_5 と VR_1 の分圧回路で作られる（**図 5.22**）。V_{ref} を設計してみよう。

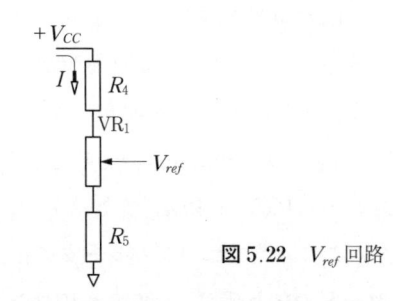

図 5.22 V_{ref} 回路

いま，ファンを回す温度は 30 ～ 50℃ の範囲で調整したい。

LM35 の出力は 10 mV/℃ である。IC_2 ではこれを 5 倍に増幅した。したがって，IC_2 の出力電圧は 50 mV/℃ を表す。温度が 30 ～ 50℃ とすれば，出力電圧は 1.5 ～ 2.5 V である。したがって，VR_1 を回して V_{ref} が 1.5 ～ 2.5 V の範囲で調整できるようにすればよい。

電源電圧 + V_{CC} = 5 V である。調整回路に流す電流 I は 1 mA くらいでよい。したがって合成抵抗値は

$$R_4 + VR_1 + R_5 \approx 5 \text{ k}\Omega \tag{5.29}$$

とする。半固定抵抗 VR_1 の電圧調整範囲は，電源電圧の 1/5 であり 1 V である。合成抵抗値を 5 kΩ とすれば VR_1 の抵抗値は 1/5 の 1 kΩ となり，抵抗値は

$$\left.\begin{array}{l} R_4 < 2.5 \text{ k}\Omega \\ R_5 < 1.5 \text{ k}\Omega \end{array}\right\} \tag{5.30}$$

であれば，電圧調整範囲は 1.5 ～ 2.5 V より広くできる。表 5.1 に示した E24 系列値より R_4 = 2.2 kΩ，R_5 = 1.3 kΩ とすれば，調整範囲 1.4 ～ 2.5 V を確保できる。このとき合成抵抗値は 4.5 kΩ となり，回路電流は 1.11 mA となる。

なお、R_4 と R_5 を省略して VR_1 だけとすれば $0 \sim 5\,V$ まで調整可能である。しかし、調整範囲が広ければ微細な調整はそれだけ難しくなる。半固定抵抗の調整範囲は、必要な調整範囲より若干広いくらいに設定した方が、調整が楽になる。

5.1.5 トランジスタによるモータドライブ

〔1〕 ドライブ回路

図 5.1 の最終段では、npn トランジスタ Q_1 によって DC モータをドライブする。ⓐ点までが電圧に含まれる信号を扱う電圧信号回路であり、R_8 からは DC モータをドライブするパワー回路である。I_C を 1 A 以上流せるトランジスタを**パワートランジスタ**と呼ぶ。

IC_3 の出力 ⓐ 点の電圧は、VR_1 で設定される温度より低ければ 0 V となり、高ければ $+V_{CC}$ (5 V) となる。R_8 は Q_1 にベース電流を供給する。いまファン FAN の定格は DC 12 V、0.2 A である。ファンモータにはトルクは不要であるから始動電流は定格の 2 〜 3 倍以内と思われるが、ここでは 3 倍の 0.6 A と考える。Q_1 の h_{FE} を 100 と仮定すればベース電流 I_B は

$$I_B \geq \frac{I_C}{h_{FE}} = \frac{0.6}{100} = 6\,\text{mA} \tag{5.31}$$

あればよい。したがって R_8 は

$$R_8 < \frac{(5-0.7)\,\text{V}}{6\,\text{mA}} \approx 716\,\Omega \tag{5.32}$$

である。ここでは 680 Ω とする。

〔2〕 トランジスタの選定

Q_1 には、安定して負荷電流を流せる容量が必要である。**表 5.2** に 2SD2012 の絶対最大定格を、**表 5.3** に電気的特性を、**図 5.23** に外形を示す。

トランジスタに限らず他の素子も、限界以上の電圧を加える、または電流を流す、あるいは電力を消費させると壊れる。この絶対に超えてはならない限界が絶対最大定格（absolute maximum ratings）である。

表5.2 2SD2012の絶対最大定格（$T_a=25℃$）[3]

項 目	記 号	定 格	単位
コレクタ-ベース間電圧	V_{CBO}	60	V
コレクタ-エミッタ間電圧	V_{CEO}	60	V
エミッタ-ベース間電圧	V_{EBO}	7	V
コレクタ電流	I_C	3	A
ベース電流	I_B	0.5	A
コレクタ損失 $T_a=25℃$	P_C	2.0	W
コレクタ損失 $T_c=25℃$	P_C	25	W
接合温度	T_j	150	℃
保存温度	T_{stg}	$-55 \sim 150$	℃

表5.3 2SD2012の電気的特性（$T_a=25℃$）[3]

項 目	記 号	測定条件	最小	標準	最大	単位
コレクタ遮断電流	I_{CBO}	$V_{CB}=60$ V, $I_E=0$	—	—	100	μA
エミッタ遮断電流	I_{EBO}	$V_{EB}=7$ V, $I_C=0$	—	—	100	μA
コレクタ-エミッタ間降伏電圧	$V_{(BR)CEO}$	$I_C=50$ mA, $I_B=0$	60	—	—	V
直流電流増幅率	$h_{FE(1)}$	$V_{CE}=5$ V, $I_C=0.5$ A	100	—	320	
直流電流増幅率	$h_{FE(2)}$	$V_{CE}=5$ V, $I_C=2$ A	20	—	—	
コレクタ-エミッタ間飽和電圧	$V_{CE(sat)}$	$I_C=2$ A, $I_B=0.2$ A	—	0.4	1.0	V
ベース-エミッタ間電圧	V_{BE}	$V_{CE}=5$ V, $I_C=0.5$ A	—	0.75	1.0	V
トランジション周波数	f_T	$V_{CE}=5$ V, $I_C=0.5$ A	—	3	—	MHz
コレクタ出力容量	C_{ob}	$V_{CB}=10$ V, $I_E=0$, $f=1$ MHz	—	35	—	pF

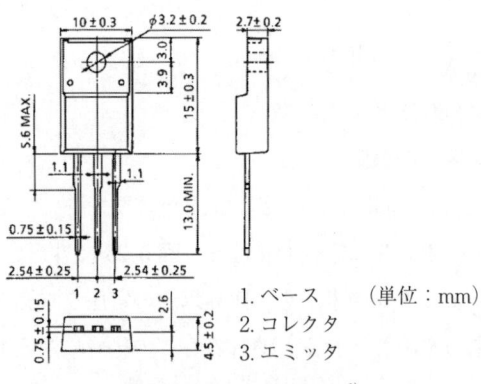

1. ベース　　（単位：mm）
2. コレクタ
3. エミッタ

図5.23 2SD2012の外形[3]

電圧の限界は，トランジスタの三つの端子間の電圧として定義される。このうち重要なのはコレクタ-エミッタ間電圧 V_{CEO} である。図5.1の回路ではファン用の電源は+12Vであり，トランジスタ Q_1 には12V以上の電圧が印加されることはない。電源電圧変動などに対する余裕を50%見込んで，$V_{CEO}>$ 18V以上のトランジスタを用いればよい。

電流は，コレクタ電流 I_C に注意する。図5.1のファンの定格は0.2Aであるが，起動時のピーク電流を3倍の0.6Aと見積もれば，さらに50%の余裕を見込んで $I_C \geq 0.9$ A以上のトランジスタを選定する。

つぎにトランジスタでの消費電力を確認する。コレクタ損失 P_C である。P_C は，コレクタ電流 I_C とコレクタ-ベース間電圧の積である。メーカによってはコレクタ損失 P_C ではなく全損失 P_T を表示する。P_T は I_C とコレクタ-エミッタ間電圧 V_{CE} との積であるが，P_C も P_T も値はほぼ同じとなる。

$$P_C \approx P_T = V_{CE} \times I_C \tag{5.33}$$

と計算する。

図5.1の回路では，トランジスタ Q_1 は図4.14で説明したようにベース電流を多く流した飽和状態で動作する。このときコレクタ-ベース間電圧 V_{CE} は，電気的特性に示されるコレクタ-エミッタ間飽和電圧より考える。表5.3より $V_{CE(sat)}$ は標準0.4V，最大でも1.0Vであるが，最悪のケースでもトランジスタが壊れないことを確かめるため，最大値を計算に用いる。ファン回転時のコレクタ損失は

$$P_C = V_{CE(sat)\max} \times 負荷電流 = 1.0\,\text{V} \times 0.2\,\text{A} = 0.2\,\text{W} \tag{5.34}$$

となる。

さて，表5.2のコレクタ損失には二つの数値が示されている。$T_a = 25℃$ は，周囲の気温（air）が25℃の状態であり，ヒートシンクを使用しない状態である。$T_C = 25℃$ は，ケース温度を強制的に25℃に保った場合である。

ところがトランジスタの温度が上昇すれば，許容されるコレクタ損失も小さくなる。**図5.24**に周囲温度による許容コレクタ損失の低下を示す。温度上昇時は負荷軽減（ディレーティング）が必要である。夏であれば周囲温度は25

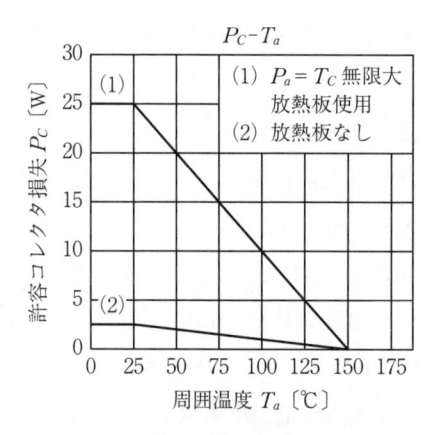

図 5.24 2SD2012 周囲温度による許容コレクタ損失の低下

℃以上となり，また，基板上やケース内には他の発熱要因もある．室内で用いる装置であっても，60℃で動作できるように設計する．周囲温度 $T_a = 60$℃ でのヒートシンクを用いない状態での許容コレクタ損失 $P_{C(T_a=60℃)}$ は

$$P_{C(T_a=60℃)} = \frac{T_j - T_a}{T_j - 25} P_{C(T_a=25℃)}$$

$$= \frac{150 - 60}{125} \times 2.0 = 1.44\,\mathrm{W} \tag{5.35}$$

である．ヒートシンクなしで使用可能である．

ヒートシンクの計算は 6.2.2 項〔6〕で述べる．

〔3〕 **安全動作領域**

図 5.25 に 2SD2012 の安全動作領域を示す．V_{CE} と I_C と P_C で囲われる5角形の中で使用していることを確認する．グラフには直流の場合と短時間のパルスの場合が示されているが，最も厳しい直流のエリアを考える．

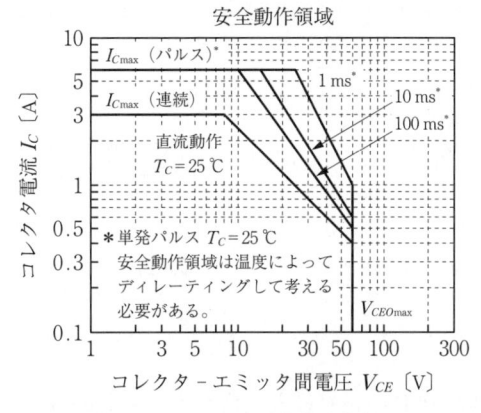

5.1 温度センサを用いたファンコントロール回路

図 5.25 2SD2012 の安全動作領域

5.1.6 MOSFET によるモータドライブ

トランジスタをドライブ回路に使う場合，コレクタ-エミッタ間飽和電圧 $V_{CE(sat)}$ によって負荷電圧は $0.4 \sim 1.0 \mathrm{V}$ 程度降下する。これに対して MOSFET ではオン抵抗によってドレイン-ソース間電圧が降下する。オン抵抗の名のとおり，電流に比例して電圧降下が大きくなる。したがって，電流の小さな負荷に対しては MOSFET の方が損失は少なくなる。損失が少なければ素子の発熱も少なく，放熱も楽になる。

また，MOSFET をドライブするためには，$4\mathrm{V}$ 程度のゲート-ソース間電圧を加えればよく，ゲート電流は不要である。これに対してトランジスタでは，ベース電圧は $0.7\mathrm{V}$ 程度でよいが，負荷電流の $1/20 \sim 1/50$ くらいのベース電流を流さなければならない。

このように $30\mathrm{A}$ 以下程度をコントロールするスイッチであれば，MOSFET が使いやすい。

図 5.1 の ⓐ 点より右側のモータドライブ回路に，n チャネル MOSFET，IRFB3607PbF（**図 5.26**）を用いた回路が**図 5.27** である。

IC_3 の出力とゲートの間にある抵抗 R_9 は MOSFET の動作安定用であり $100\,\Omega$ 程度を用いる。この抵抗を省略すると MOSFET の特性により発振を生じる

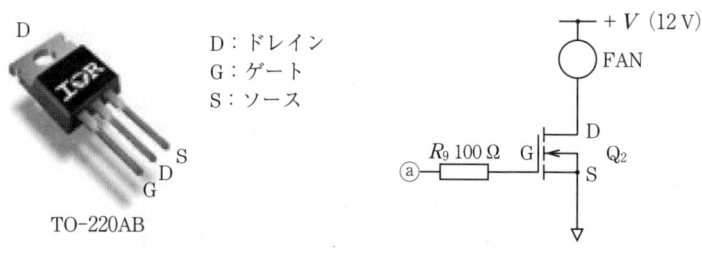

図 5.26 IRFB3607PbF 外形[4]

図 5.27 MOSFET を用いたファンドライブ回路

ことがある。

表 5.4 に IRFB3607PbF の絶対最大定格および電気的特性を示す。V_{DSS} は，ゲートをソースと「ショート」した状態，つまり「オフ」状態でのドレイン-ソース間電圧の絶対最大定格である。75 V であるから 50% の余裕を見込んで 50 V 以下の回路で使用する。

表 5.4 IRFB3607PbF の絶対最大定格および電気的特性[4]

記号	項目	定格		単位
		標準値	最大値	
V_{DSS}	ドレイン-ソース間電圧		75	V
$I_D @ T_C=25℃$	ドレイン電流，VGS @ 10 V		80	A
$I_D @ T_C=100℃$	ドレイン電流，VGS @ 10 V		56	
$P_D @ T_C=25℃$	許容ドレイン損失		140	W
T_j	ジャンクション温度		$-55 \sim +175$	℃
$R_{DS(on)}$	オン抵抗	7.34	9.0	mΩ
$R_{θjc}$	熱抵抗（$T_C=25℃$）		1.045	℃/W
$R_{θja}$	熱抵抗（$T_a=25℃$）		62	

ドレイン電流の絶対最大定格 I_D は，ケース温度 $T_C=25℃$，100℃ のときそれぞれ 80 A，56 A である。許容ドレイン損失 P_D は，ドレイン-ソース間電圧 V_{DS} × ドレイン電流 I_D である。

オン抵抗 $R_{DS(on)}$ は，標準 7.34 mΩ，最大で 9.0 mΩ である。1 A の負荷電流に対する電圧降下は，標準で 7.34 mV，最大で 9.0 mV とごくわずかとなる。おそらく配線による電圧降下の方が大きいであろう。

ヒートシンクを使用しない状態（$T_a = 25℃$）での P_D 値は記されていないが，TO-220 パッケージのジャンクション（半導体チップ）から周囲への熱抵抗 $R_{θja} = 62℃/W$ である．最高ジャンクション温度 $T_j = 175℃$ であるから

$$P_{D(T_a=25℃)} = \frac{(T_j - T_a)〔℃〕}{R_{θja}〔℃/W〕} = \frac{(175-25)〔℃〕}{62〔℃/W〕} \approx 2.4\text{ W} \tag{5.36}$$

と計算できる．60℃ まで使用すると考えれば

$$P_{D(T_a=60℃)} = \frac{175-60}{175-25} \times 2.4 = 1.84\text{ W} \tag{5.37}$$

となる．このときの I_D は，オン抵抗 $R_{DS(on)}$ を最大の $9.0\text{ m}\Omega$ と考えれば

$$I_{D(T_a=60℃)} = \sqrt{\frac{P_{D(T_a=60℃)}〔W〕}{R_{DS(on)}〔\Omega〕}} = \sqrt{\frac{1.84\text{ W}}{9.0\text{ m}\Omega}} \approx 14.3\text{ A} \tag{5.38}$$

であり，IRFB3607PbF はヒートシンクなしでよい．

5.2 ノイズの影響を受けなくするために

5.2.1 電圧信号回路とパワー回路

モータなどのアクチュエータをドライブする電子回路では，電圧信号回路とパワー回路を分けるように考える（図5.28）．電圧信号回路とは，基板上の他の素子を動かす回路であり，電流で考えればおおむね 50 mA までである．これに対してパワー回路とは，モータやソレノイドやスピーカなど，物理的にモ

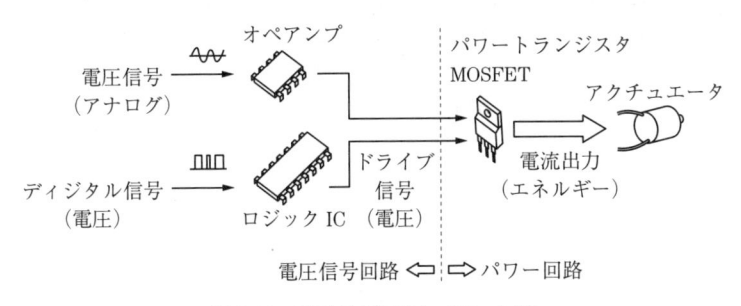

図 5.28　電圧信号回路とパワー回路

ノを動かすためのエネルギーを伝える回路である．約 500 mA より大きな電流を扱う．

電圧信号回路は，電圧信号の形を保ったまま正確に伝えることを考える回路である．外からのノイズで電圧が変化しないようにすることが重要である．

これに対してパワー回路では，電流をどれだけ流せるかを考える．アクチュエータは電力エネルギーを機械エネルギーに変換する．パワー回路は，アクチュエータへエネルギーを送り込む回路である．

パワー回路は，電源から供給された電流をアクチュエータへ送り込み，戻ってきた電流をグランドに流し込む．どんな電源でも，電流を多く流せば電圧が下がる．グランドも同じく電流を流し込めば，流し込んだ箇所の電位が上昇する．つまり電流が流れているときと流れていないときとでは，電源とグランド間の電圧が変化する．この変化は電源やグランドのラインを通じて電圧信号回路に伝わり，誤動作の原因となる．パワー回路の電流変化による影響を，できるだけ電圧信号回路へと伝えないようにする．

5.2.2 アナログ回路とディジタル回路

電圧信号回路では，**アナログ回路**と**ディジタル回路**を分けて考える．まず，アナログとディジタルとは何だろうか．

図 5.29 は自動車のスピードメータである．針がアナログ表示であり数値がディジタル表示である．アナログの針は，連続的な位置変化によってスピード

図 5.29　アナログとディジタル

5.2 ノイズの影響を受けなくするために

を表す。これに対してディジタル表示は，連続的に変化するスピードを，1 km/h 単位の飛び飛びの数値（**離散値**）として表す。

電子回路も同じである。ライン上の電圧や電流の値によって変位や質量や圧力や温度などの値を伝えるものを**アナログ信号**，電圧や電流が「ある」か「ない」かによって「1」か「0」の信号を伝えるものを**ディジタル信号**と呼ぶ。アナログ信号を伝える回路がアナログ回路であり，ディジタル信号を伝える回路がディジタル回路である。

ディジタルデータは「1」か「0」のどちらか，あるいは「H」か「L」のどちらかなど，「ある」か「ない」かを表す信号である。このディジタルの最小単位を**ビット**と呼ぶ。ディジタル回路では，ある瞬間のデータを時間的に展開して信号を伝える。

それぞれの回路にノイズが加わったとき，アナログ回路であれば，信号に直接にノイズが加わってしまう（**図5.30**（a））。これに対してディジタル回路では，ノイズ電圧が「H」と「L」のしきい値を超えなければ，信号が変わることはない（図5.30（b））。ディジタル信号は，アナログ信号に比べて外来ノイ

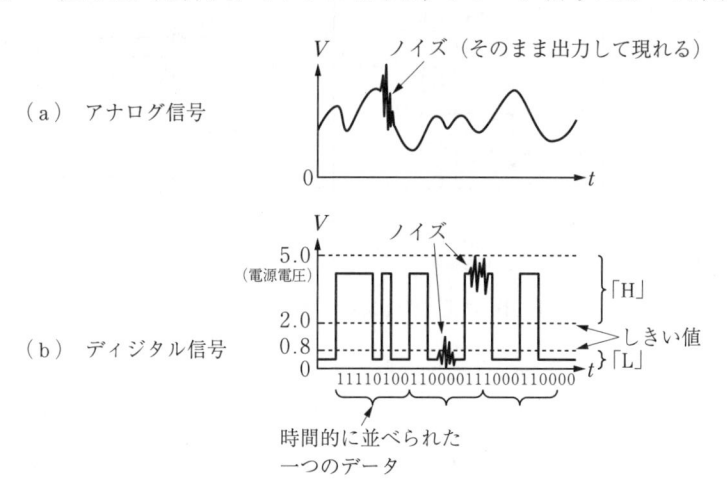

図5.30　アナログ信号とディジタル信号

ズ耐性がある。しかしマイコン回路では，1ビットのデータ化けが誤動作を引き起こすなど大きな問題となる。パワー回路からの影響は最小限になるようにしなければならない。

また，ディジタル回路は，信号線の電圧を高速でスイッチングするため，ノイズ放出源ともなる。アナログ回路とマイコンなどのディジタル回路を併用するときには，スイッチングノイズのアナログ回路への影響を防ぐようにする。

5.2.3　パーツと基板の配線

図 5.31 に示すように，電圧信号回路とパワー回路は，基板上でできるだけ分離して配置する。特にセンサなどの信号入力線とグランド線は，オペアンプやマイコン IC などの入力ピンの近くに配線する。センサからの信号電圧をできるだけ正確に IC に入力するためである。大電流が流れるような箇所にセンサグランドを接続したのでは，電位変動のため計測値の誤差が増加する。

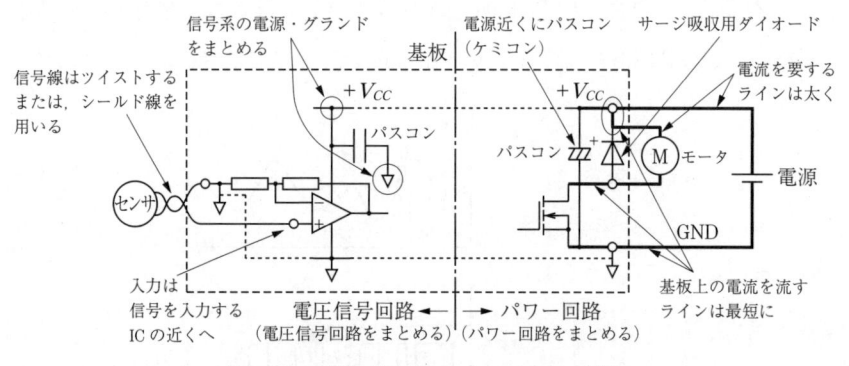

図 5.31　電圧信号回路とパワー回路の配線

電源から基板まで，および基板からアクチュエータは太めの線を用いて，電線の抵抗による電圧変動を小さくする。基板上の大電流ラインは最短にする。また，基板には $100 \sim 1\,000\,\mu\text{F}$ 程度のケミコンをパスコンとして電源ライン近くに取り付ける。

図 5.31 に示すように，電源ラインは電圧信号回路側ではなく，パワー回路側に配線する。信号回路に配線したのでは，パワー回路の電流変動によって，

信号回路とパワー回路のグランド電位が変動する．わずかでも電流変動の影響を小さくするよう配線する．

5.2.4 フォトカプラによる回路のアイソレーション

電圧信号回路とパワー回路の電源が異なる場合には，ノイズ対策のため電気的に分離（アイソレーション）する方法がある．**フォトカプラ**を用いて電圧信号を光にし，光を再び電圧信号に変換する．変換された電圧信号によってトランジスタや MOSFET をドライブする．電圧信号回路とパワー回路はグランドを含め，電気的に絶縁する．

図 5.32 にフォトカプラを用いたアイソレーション回路を示す．TLP351 は入力に GaAlAs 赤外 LED を使用し，出力に MOSFET プッシュプル回路を組み込んだフォトカプラである（図 5.33）[5]．電源電圧 10 〜 30 V で動作し，出力は

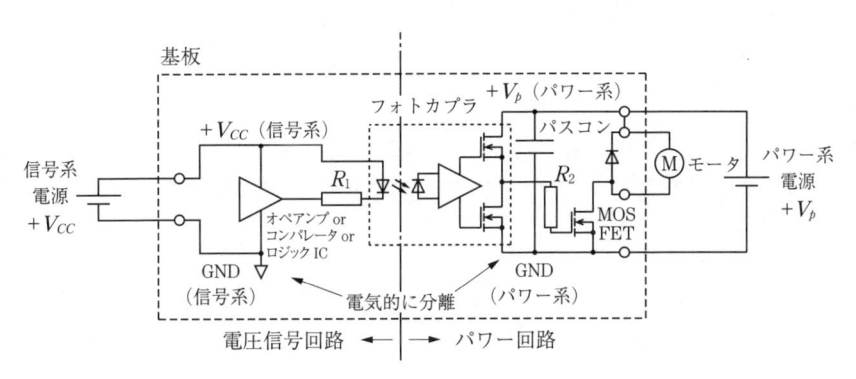

図 5.32 フォトカプラを用いたアイソレーション回路

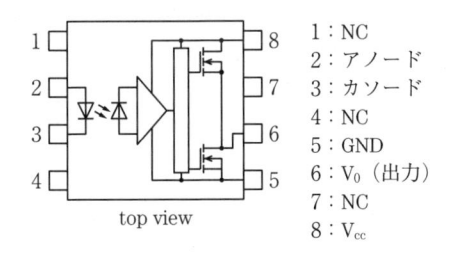

1：NC
2：アノード
3：カソード
4：NC
5：GND
6：V_0（出力）
7：NC
8：V_{cc}

図 5.33 TLP351 ピン接続[5]

±200 mA までの電流出力（ソース），吸込み（シンク）どちらも可能である。プッシュプル回路では，上側の MOSFET が電流出力を，下側の，MOSFET が電流吸込みを受け持つ。TLP351 は MOSFET や IGBT のゲートや，コレクタ電流が 20 A 程度までのトランジスタのベースも直接駆動できる。

ティータイム

ロジック回路

　ディジタル回路には，5 V の電源電圧で動作する TTL や HC-MOS IC が使用される。これらを**論理回路**あるいは**ロジック回路**と呼ぶ。ロジック回路 (TTL) では，2 V 以上の電圧を「H」，0.8 V 以下の電圧を「L」と扱い，「H」と「L」の 2 値で信号を処理する。図に基本ロジックゲートを示す。これらのロジックは入力によって出力状態が定まる（表）。

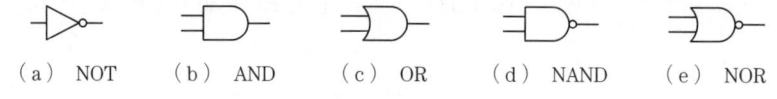

（a） NOT　　（b） AND　　（c） OR　　（d） NAND　　（e） NOR

図　基本ロジックゲート

表　基本ロジックゲートの入出力

NOT	
IN	OUT
L	H
H	L

AND		
IN		OUT
L	L	L
L	H	L
H	L	L
H	H	H

OR		
IN		OUT
L	L	L
L	H	H
H	L	H
H	H	H

NAND		
IN		OUT
L	L	H
L	H	H
H	L	H
H	H	L

NOR		
IN		OUT
L	L	H
L	H	L
H	L	L
H	H	L

演 習 問 題　131

　図5.32のフォトカプラ入力側の抵抗 R_1 は，フォトカプラ内のLEDの電流制限用である．入力電流が 7.5～10 mA となるように R_1 の値を定める（式 (4.3)）．出力側の R_2 は MOSFET の動作安定用であり，100 Ω 程度を使用する．スイッチング時に電圧の振動などが生じていなければ，省略してもよい．

　電圧信号回路とパワー回路を電気的にアイソレーションする場合には，製作後に絶縁されていることを必ず確かめる．スイッチやセンサなどが複数接続されているアプリケーションでは，想定外のところでつながっていることがある．

[**演習問題**]

5.1　LM35 の温度が 55℃のとき，出力電圧は何 V になるか．

5.2　図5.8（a）の回路で，回路の入力インピーダンスを 10 kΩ，回路のゲインを 20 倍にしたい．抵抗値を求めよ．

5.3　図5.1で LM35 の負荷抵抗となる抵抗はどれか．部品番号と抵抗値を答えよ．

5.4　図5.1の IC_2 はゲイン 5 倍のアンプである．この回路を図5.10（a）のブロックダイアグラムで表すとき，β はいくらになるか．部品番号を用いた式と数値で答えよ．

5.5　図5.17（b）の回路を用いて，$IN_1 = IN_2 = 2.5$ V と考える．$R_1 = 20$ kΩ，$R_2 = 1$ MΩ のときのヒステリシス電圧幅を求めよ．ただし，電源電圧 $+V_{CC} = 12$ V とする．抵抗値の誤差は考慮しなくてよい．

5.6　図5.22の回路を用いて，$R_4 = 2.4$ kΩ，$R_5 = 1.5$ kΩ，$VR_1 = 1$ kΩ としたときの電圧調整範囲を求めよ．ただし電源電圧 $+V_{CC} = 5$ V とする．抵抗値の誤差は考慮しなくてよい．

5.7　図5.22の回路を用いて，V_{ref} を 1.0～2.0 V の範囲で調節可能としたい．半固定抵抗は 2 kΩ を使用する．電源電圧 $+V_{CC} = 12$ V とする．抵抗値を定めよ．抵抗値の誤差は考慮しなくてよい．

5.8　6.0 kΩ の抵抗を使用したい．E12，E24 系列より最も近い値の抵抗値を選べ．また，それぞれの誤差は何 % になるか．

5.9　図5.1の回路の R_2 と R_3 に誤差 ±1% の抵抗を用いれば，ゲインの最大値と最小値は，それぞれいくらになるか．

5.10　図5.1のドライブ回路に，定格 24 V，0.2 A のファンを使用できるか．

5.11 図5.1のドライブ回路に，定格24 V，1.0 Aのファンを使用できるか．

5.12 図5.27のドライブ回路に，定格48 V，10 Aのファンを使用できるか．

5.13 図5.32の回路で$+V_{CC}=5$ Vである．フォトカプラの入力に10 mAを流すようR_1の値を定めよ．

5.14 前問5.13で求めたR_1に必要な最小の定格電力は1/8 W，1/4 W，1/2 Wのどれか．

5.15 図5.17（b）のR_1とR_2に流れる電流が等しいことを利用して，式(5.26)を導出せよ．

5.16 抵抗のカラーコードが，赤，黄，黒，茶，茶である．この抵抗は最小で何Ω，最大で何Ωか．

6 電源回路

　DCモータやコントロール回路は，すべて直流電源で動いている．しかし，商用電源は交流である．6章では，モータやコントロール回路を動作させる電源回路がどのように交流から直流を作り出すかを学ぼう．

6.1 電源とは

6.1.1 電圧源

　外部に接続した回路にかかわらず，つねに定められた電圧が二つの端子間へ出力される回路要素を**電圧源**という．一定の直流電圧を出力する回路要素を**直流電圧源**，一定の周波数と振幅の交流電圧を出力する回路要素を**交流電圧源**という．一般に，電源とは電圧源を意味する．例えば直流電源装置は，一定の電圧を出力するように内部でコントロールされた電子回路であるから，直流電圧源である．

6.1.2 なぜ商用電源は交流か

　商用電源は交流である．しかし，1882年にエジソンがニューヨークで電力事業を始めたときは直流であった．ところが近距離しか送電できないエジソンの方式に対して，1886年にアメリカのウエスティングハウス社が交流送電を開始して以来，現在では交流送電が主流となっている．

　交流送電が主流となった理由の一つは，**変圧器（トランス）**によって電圧が容易に変換でき，遠方への送電が効率よく行えることにある（**図6.1**）．送電

6. 電源回路

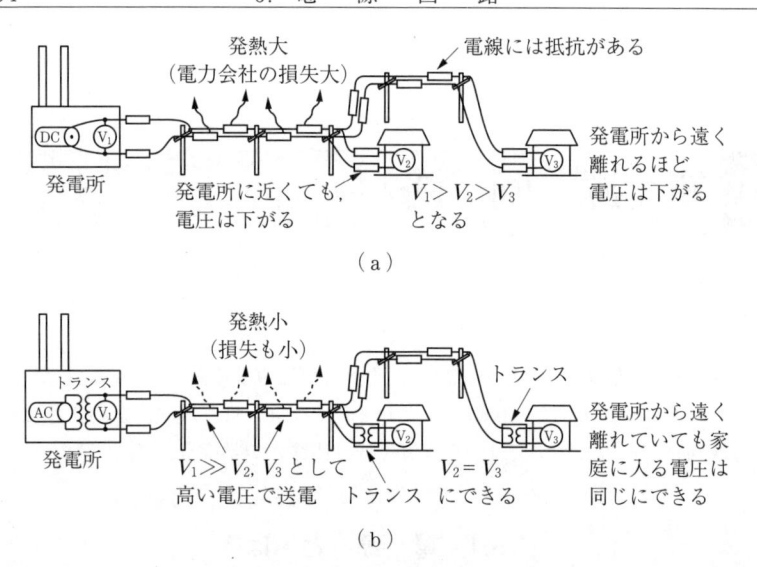

図6.1(a)
- 発熱大（電力会社の損失大）
- 電線には抵抗がある
- 発電所
- 発電所に近くても、電圧は下がる
- $V_1 > V_2 > V_3$ となる
- 発電所から遠く離れるほど電圧は下がる

図6.1(b)
- 発熱小（損失も小）
- トランス
- 発電所
- $V_1 \gg V_2, V_3$ として高い電圧で送電
- $V_2 = V_3$ トランスにできる
- 発電所から遠く離れていても家庭に入る電圧は同じにできる

図6.1 直流送電と交流送電

時に流れる電流が大きいほど送電線でのエネルギー損失は増えるため，図6.2のように同じ電力を送るのであれば，電圧を高く，電流を小さくした方が有利である．交流は長寿命で堅牢な変圧器によって電圧の昇降圧が容易であったことから，送電の主役となっている．

交流が使用されるもう一つの理由として，発電方式との相性が良いことが挙げられる．発電機は外部からの回転運動による運動エネルギーを交流電力へと

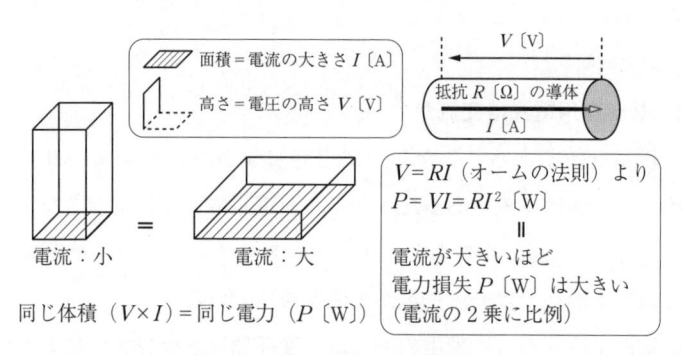

図6.2
- 面積＝電流の大きさ I 〔A〕
- 高さ＝電圧の高さ V 〔V〕
- 電流：小 ＝ 電流：大
- 同じ体積（$V \times I$）＝同じ電力（P 〔W〕）
- 抵抗 R 〔Ω〕の導体
- V 〔V〕, I 〔A〕
- $V = RI$（オームの法則）より
- $P = VI = RI^2$ 〔W〕
- ‖
- 電流が大きいほど電力損失 P 〔W〕は大きい（電流の2乗に比例）

図6.2 電圧・電流と電力の関係

変換する機械である．3章で説明したDCモータは，整流子によって直流を交流に変換する構造であった．ところがDCモータの回転子を回し，整流子を用いずに出力を取り出せば交流となる．回転運動は水車や風車，あるいは火力や原子力や地熱による蒸気タービンから得られる．

発電所では，**同期発電機**によって**三相交流**を発生する．三相交流は**図 6.3**のように**単相交流**と比較して3倍の電力を，3/2の送電線で送ることが可能であり，効率的な送電を実現する．

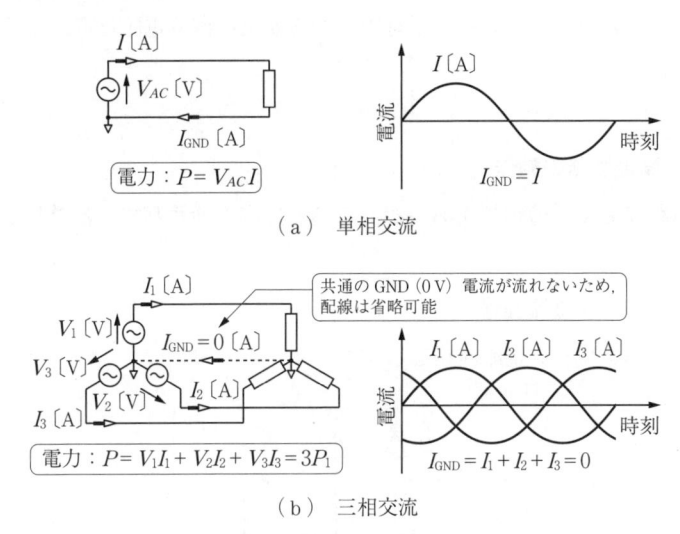

I [A]
V_{AC} [V]
I_{GND} [A]
電力：$P = V_{AC} I$

I [A]
電流
時刻
$I_{GND} = I$

（a）単相交流

I_1 [A]
V_1 [V]
$I_{GND} = 0$ [A]
V_3 [V]
V_2 [V] I_2 [A]
I_3 [A]
共通のGND (0 V) 電流が流れないため，配線は省略可能
電力：$P = V_1 I_1 + V_2 I_2 + V_3 I_3 = 3P_1$

I_1 [A] I_2 [A] I_3 [A]
電流
時刻
$I_{GND} = I_1 + I_2 + I_3 = 0$

（b）三相交流

図 6.3 単相交流と三相交流

近年では太陽光発電や燃料電池など，物理作用や化学反応から電力を取り出す技術が発展している．これらは直流電圧を発生するため，交流100 Vのコンセントへ電力を供給するためには，**インバータ**を用いた直流－交流変換が用いられる．

さて，私たちの身の回りにある電気製品は交流電源でエネルギーを供給されながら，その内部の電子回路は直流で動作している．電気製品の内部には交流で送られてきた電力を，効率良く安全に直流へ変換する回路が必要である．

6.2 直流電源回路

交流から直流に変換する回路を順変換回路，または**整流回路**という。一方，直流から異なる電圧の直流へ変換する回路は **DC-DC コンバータ**と呼ばれ，電圧制御用の三端子レギュレータ IC を使用する方式と，スイッチングによる方式（スイッチングレギュレータ）がある。本節では，整流回路を用いて単相交流 100 V の家庭用コンセント（電灯線）から安全に直流電圧を取り出す方法を解説する。

6.2.1 整流回路の動作

整流回路にも多くの種類があるが，ここでは広く使われている**ブリッジ整流回路**を扱う。

〔1〕 ブリッジ整流回路

図 6.4 に，ブリッジ整流回路を示す。

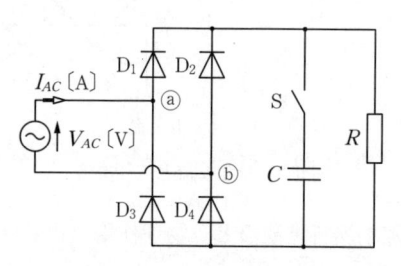

図 6.4 ブリッジ整流回路

ここで，交流電圧を

$$V_{AC} = \sqrt{2}\,V\sin(\omega t) \;\mathrm{[V]} \tag{6.1}$$

と定義する。V 〔V〕は交流電圧の実効値（家庭用コンセントの 100 V）である。角周波数 $\omega = 2\pi f$ 〔rad/s〕であり，V_{AC} は周期 $T = 1/f$ 〔s〕で変化する時刻 t 〔s〕に対する関数である。東日本では周波数 $f = 50$ Hz（$T = 20.0$ ms）であり，西日本では $f = 60$ Hz（$T \approx 16.6$ ms）である。

6.2 直流電源回路

はじめに，スイッチSがオフの場合（Cが接続されていない場合）を考える。このとき抵抗Rに流れる電流は，大きさを周期的に変化させながら，単方向に流れる。$V_{AC}>0$ のとき，ⓑ点よりⓐ点の電位が高いため，図 6.5（a）に示す経路①が成り立つ。D_1, D_4 は導通するが，D_2, D_3 はいずれもカソード側の電位がアノード側よりも高いため遮断されたままである。一方，$V_{AC}<0$ のときはⓐ点よりもⓑ点の電位が高いため，D_2, D_3 は導通して，D_1, D_4 が遮断され，経路②が成り立つ。正弦波交流の半周期ごとに経路①と経路②を交互に繰り返すが，いずれの場合も抵抗Rに同じ向きの電流 I_{DC}〔A〕が流れる。抵抗の電圧 V_R は極性に変化のない図 6.6 のような直流電圧となる。

V_R〔V〕の平均電圧 V_{Ra}〔V〕は，ダイオードの順電圧を無視すれば

（a）$V_{AC}>0$, $I_{AC}>0$ の場合（経路①） （b）$V_{AC}<0$, $I_{AC}<0$ の場合（経路②）

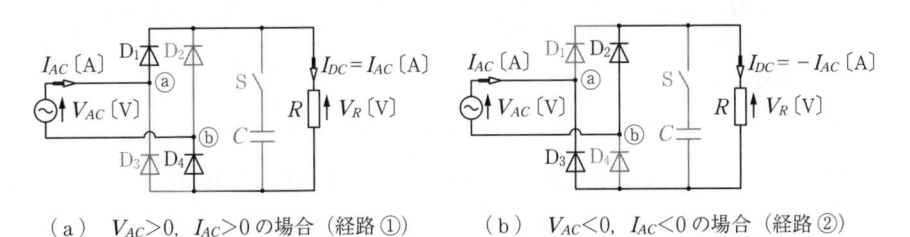

図 6.5 ブリッジ整流回路の動作（S：OFF）

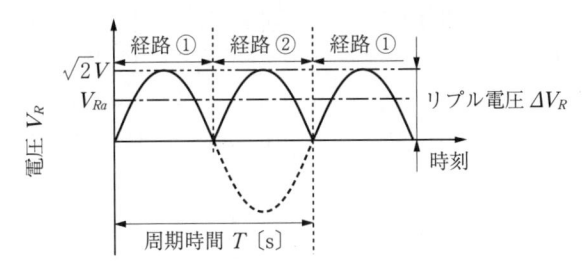

図 6.6 整流電圧波形と平均電圧

$$V_{Ra} = \frac{2}{T}\int_0^{\frac{T}{2}} V_{AC}\, dt$$

$$= \frac{2}{T}\cdot\sqrt{2}\,V\cdot\frac{T}{2\pi}\left[-\cos\left(\frac{2\pi}{T}t\right)\right]_0^{\frac{T}{2}}$$

$$= \frac{\sqrt{2}\,V}{\pi}(1+1) = \frac{2\sqrt{2}}{\pi}V \approx 0.9V \ [\mathrm{V}] \tag{6.2}$$

となる。

〔2〕 直流電圧の平滑化

図6.4のスイッチSがオンの場合（CとRが並列接続された場合）を考える（図6.7）。このとき，V_R〔V〕はコンデンサC〔F〕に蓄積された電荷量Q_C〔C〕より

$$V_R = \frac{Q_C}{C} \ [\mathrm{V}] \tag{6.3}$$

となる（図6.8）。

$V_R = |V_{AC}|$〔V〕の場合は，Sがオフの場合と同じ動作である（経路①または②）。ところが，交流電圧源V_{AC}は時間の関数として，式(6.1)で定まるのに対して，V_Rは式(6.3)に示すコンデンサに蓄積された電荷で定まる。電荷

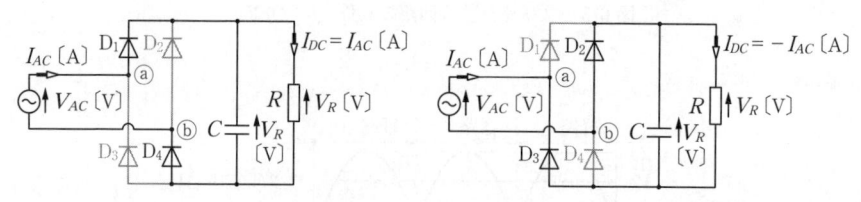

（a）$I_{AC}>0$, $V_R = V_{AC}$ の場合（経路①）　（b）$I_{AC}<0$, $V_R = -V_{AC}$ の場合（経路②）

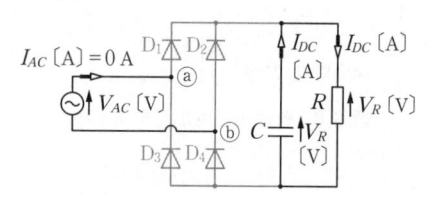

（c）$V_R > |V_{AC}|$の場合（コンデンサの放電，経路③）

図6.7　ブリッジ整流回路の動作（CとRの並列接続）

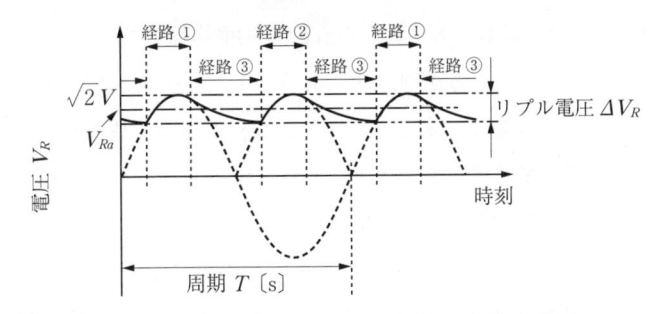

図6.8 平滑コンデンサを用いた整流電圧波形と平均電圧

Q_C を放出(放電)しない限り V_R は下がらず,V_{AC} が減少すると $V_R>|V_{AC}|$ 〔V〕となる。このとき,経路①も経路②も成り立たず,交流電源から切り離された抵抗 R には,コンデンサ C が放電する電流が流れる(経路③)。コンデンサ C が放電するとき,抵抗 R の電圧 V_R は時間の関数として

$$V_R = \sqrt{2}\, V \cdot e^{-\frac{1}{CR}t} \text{〔V〕} \tag{6.4}$$

で表される。ここで $|V_{AC}|$ は,交流電源の半周期ごとに最大値 $\sqrt{2}\,V$ 〔V〕となる。この最大値になる時刻を $t=0$ とする。$t>0$ では V_R 〔V〕は単調に減少する。$|V_{AC}|$ が再び上昇して $V_R=|V_{AC}|$ になると,整流ダイオードがオンし,交流電源からコンデンサ C への充電が再開される(経路①または②)。

図6.6と図6.8を比較すれば,明らかにコンデンサ C を接続した回路で V_R の電圧変化 ΔV_R(**リプル電圧**)が小さく,平均電圧 V_{Ra} は高くなる。このように,直流電圧の変化を抑制する C を**平滑コンデンサ**と呼ぶ。

〔3〕 **直流電圧脈動率と直流電圧変動率**

直流電源を評価する指標として,直流電圧脈動率 δ〔%〕と直流電圧変動率 ε〔%〕を定義する。

$$\delta = \frac{\Delta V_R}{V_{Ra}} \times 100 \text{〔%〕} \tag{6.5}$$

$$\varepsilon = \frac{V_{R0} - V_{Ra}}{V_{Ra}} \times 100 \text{〔%〕} \tag{6.6}$$

ここで,V_{Ra} は定格負荷接続時の直流電圧 V_R の平均値,ΔV_R はリプル電圧,

V_{R0} は無負荷時（R 未接続, $R=\infty$）の直流電圧平均値である。

δ と ε はいずれも小さい方が理想的である。$\delta=0\%$ であれば, 交流電圧成分を含まない完全な直流電圧である。一方, ε は整流回路に負荷を接続する前後で, どれほど電圧が変化するかを表す。$\varepsilon=0\%$ であれば, 外部回路にかかわらず同じ直流電圧を供給する理想的な直流電源である。

式 (6.4) に示したように, 平滑コンデンサ C の容量が大きければ, V_R の低下は遅くなり, リプル電圧も小さくなる。しかし C を大きくすれば, 充電時間（図 6.8, 経路 ① と ②）が短くなる。短時間に同じ電荷量が交流電源から C へ供給されるため, C の充電電流だけでなく, ダイオード電流や交流電源電流 T_{AC}〔A〕のピーク値も大きくなる。交流電源電流はピーク値が大きく, 不連続な非正弦波交流電流となる点に注意が必要である。

6.2.2　直流電源回路の設計

微小電圧を扱う電子回路では直流電源回路（アナログ電源回路）が用いられる。

図 6.9 にアナログ電源回路を示す。商用電源 100 V を電源トランスによって降圧し, ブリッジ整流, 平滑コンデンサを通した後, 三端子レギュレータ IC を用いて ± 12 V, 0.5 A および $+5$ V, 0.5 A を得る。

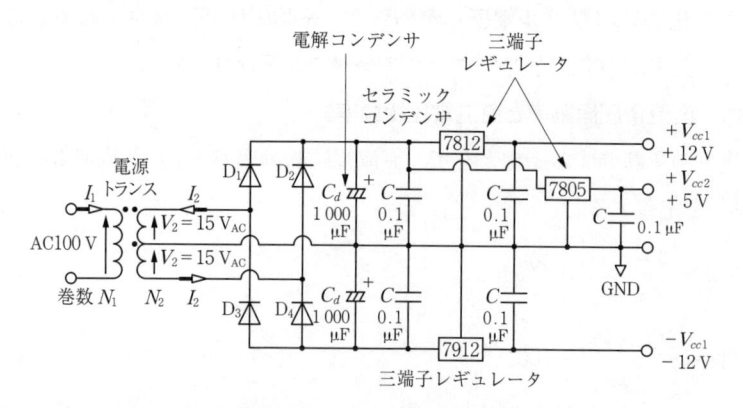

図 6.9　アナログ電源回路

[1] 変圧器と絶縁

変圧器（トランス）はドーナツ状に閉じた同軸鉄心に複数のコイルを巻き付けた交流電圧変換器である（図 6.10）。交流電源を接続する巻線を **1 次巻線**，他方を **2 次巻線** という。図記号にある「・」は変圧器の極性を表す[†1]。電圧 V_1〔V〕を 1 次巻線に印加すると，**励磁電流** I_0〔A〕が流れて同軸鉄心内に磁束 Φ〔Wb〕を生じる。磁束 Φ は，鉄心に巻かれた他方の 2 次巻線に交わる。この結果，2 次巻線には，巻数に比例した電圧（誘導起電力）V_2〔V〕が表れる。1 次巻線の巻数を N_P，2 次巻線の巻数を N_S とすれば

$$V_1 : V_2 = N_P : N_S \tag{6.7}$$

である。V_1 と V_2 は実効値である。

一方，2 次巻線に電流 I_2〔A〕が流れたとき，1 次巻線には巻数に反比例した電流 I_1'〔A〕が流れる。I_1' は I_0 より十分大きいため，$I_1 \approx I_1'$ と置けば

$$I_1 : I_2 = N_S : N_P \tag{6.8}$$

である。I_1 と I_2 は実効値である。1 次側から 2 次側へ送られる電力は

$$P = V_1 I_1 = \frac{N_P}{N_S} V_2 \cdot \frac{N_S}{N_P} I_2 = V_2 I_2 \;\text{〔W〕} \tag{6.9}$$

である。

巻数 N_P は，トランス鉄心が**磁気飽和現象**を起こさない範囲で決められる[†2]。

図 6.10 変圧器（トランス）

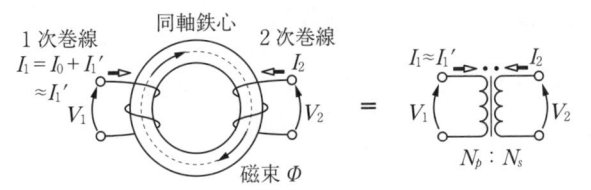

(a) 巻線と磁束　　(b) 回路記号

矢印の向きに電流が流れると磁束は相加わる

[†1] 「・」の方向から流れ込む電流により生じる鉄心中の磁界は相加わる。実用上は各巻線に生じる電圧の極性が，「・」のある向きで等しいと考えればよい。

[†2] 真空中の磁束 Φ〔Wb〕は磁界 H〔A/m〕に比例するが，鉄心中の磁束は磁界に比例せず，上限がある。磁界（電流）を大きくしても磁束が増えない状態を**磁気飽和**という。

N_P が決まると，巻数 N_S は必要な出力電圧から決められる．

1次巻線が接続された回路と，2次巻線が接続された回路の配線が接続されていないとき，互いに絶縁されているという．このとき，グランド（GND）はそれぞれに定められ，互いに独立である．

〔2〕 **電源トランスの選定**

交流100Vからは，電源トランスを使用して電圧変換する．電源トランスは，2次側電圧，定格（最大）電流を考慮して選定する．ここでは2次側電圧 V_2 は巻数の等しい2巻線から出力される．二つの2次巻線の共通端子（センタタップ）をグランド（GND）として，巻線の両端からブリッジ整流してプラスとマイナスの直流電圧を取り出す．

まず，トランスの2次側電圧を求める．三端子レギュレータICへの入力電圧は，図6.8に示したようなリプルを含んだ直流電圧となる．リプルの最低値が，レギュレータICの出力電圧 V_{OUT}（12V）に最小入出力間電圧差 V_D（2V）を加えた値以上でなければならない．ここでリプル電圧 ΔV_R を2Vと仮定する．また，ブリッジ整流回路では，電流は二つのダイオードを通過する．このためダイオードの順電圧 V_{AK}（0.7V）の2倍の電圧降下が含まれる．さらにAC電源の変動が最大 −10％と考えて電源電圧変動率 $\varepsilon_{AC}=0.1$ とすれば，トランス2次電圧 V_2 に必要なピーク電圧 $\sqrt{2}\,V_2$ は

$$\sqrt{2}\,V_2 = (V_{OUT} + V_D + \Delta V_R + 2V_{AK}) \times (1+\varepsilon_{AC})$$
$$= (12+2+2+2\times0.7)\times(1+0.1) = 19.14\,\text{V} \qquad (6.10)$$

となり，電源トランスの2次側電圧（実効値）は

$$V_2 \geqq 13.5\,\text{V} \qquad (6.11)$$

となる．2次側電圧13.5Vのトランスは市販されていないので，$V_2=15$V とする．プラスマイナスで2系統必要であるから，2次側電圧が 0−15−30V または 15−0−15V と表示されるトランスである．

つぎに電流容量を考える．直流出力電流 I_{OUT} のプラス側は，12V系の0.5Aと5V系の0.5Aを合わせたDC1Aが必要である．ここでトランスの2次側

交流電圧 V_2 は，直流に整流されて約 $\sqrt{2}\ V_2$ となるため，2次側の出力電力は $\sqrt{2}\ V_2 I_{OUT}$ である。トランスがこの電力を供給するためには，2次側電圧 V_2 であるから，$\sqrt{2}\ I_{OUT}$ の電流容量が必要となる。したがって，2次側電流が1Aの $\sqrt{2}$ 倍の1.4A以上のトランスを選定する。

〔3〕 **ダイオードの選定**

整流回路に使用するダイオードは，**ピーク繰返し逆電圧（耐圧）** V_{RRM}，**平均順電流** $I_{F(AV)}$ と**ピークサージ電流** I_{FSM} を確認して選定する。

ブリッジ整流回路では，オフ状態のダイオードにトランスの2次電圧 $V_2 \times 2$ のピーク $2\sqrt{2}\ V_2$ が印加される。トランスの端子電圧は定格電流を流したときの値であり，電流が小さいときは定格電圧よりも高くなる。これはトランスの巻線抵抗による電圧降下を含んで定格電圧が設計されているためである。ここでは，トランスの電圧変動率 ε を無負荷時から20%（$\varepsilon=0.2$）と考える。これに電源電圧変動と他の電力機器のオン/オフによるサージ電圧をすべて合わせて余裕 S を200%（$S=2$）と考え，V_{RRM} は

$$V_{RRM} \geq 2\sqrt{2}\ V_2 \times S = 2\sqrt{2} \times 15 \times 2 \approx 84.84\ \text{V} \tag{6.12}$$

とする。

ブリッジ整流回路では，ダイオードは半周期ごとに導通する。したがって，ダイオード1本当りの平均順電流 $I_{F(AV)}$ は，出力電流の半分となる。しかし，温度が上昇すると順電流の許容値も小さくなるため S を200%と見込み

$$I_{F(AV)} \geq \frac{1}{2} I_{OUT} \times S = \frac{1}{2} \times 1.0 \times 2 = 1.0\ \text{A} \tag{6.13}$$

とする。

ダイオードから平滑コンデンサ C に流れる電流は，図6.8に示した経路①の充電期間に生じる。充電期間は C の容量と負荷電流によって異なり，ピーク電流は平均電流の10倍にも及ぶことがある。そこでピークサージ電流 I_{FSM} は平均順電流の10倍と考えて

$$I_{FSM} \geq I_{F(AV)} \times S = 1.0 \times 10 = 10\ \text{A} \tag{6.14}$$

とする。

使用可能なダイオードとして，GSIB6A60の絶対最大定格を**表6.1**に示す。外形と内部接続を**図6.11**に示す。4個のダイオードが内蔵されたダイオードブリッジである。

表6.1 GSIB6A60の絶対最大定格[1]

項目		記号	定格	単位
ピーク繰返し逆電圧		V_{RRM}	600	V
最大実効値入力電圧		V_{RMS}	420	V
最大平均出力電流	(T_C=100℃)	$I_{F(AV)}$	6.0	A
	(T_a=25℃)		2.8	
ピークサージ順電流		I_{FSM}	150	A

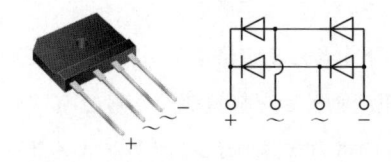

図6.11 GSIB6A60ダイオードブリッジ[1]

〔4〕 平滑コンデンサ

出力電圧のリプルの大きさは平滑コンデンサ容量によって決まる。ここは体積当りの容量の大きな**電解コンデンサ**（ケミコン）を使用する。

電解コンデンサは定格電圧（耐圧）V_{dc}以下で使用しなければならない。定格電圧 V_{dc} は，整流，平滑後のリプル電圧のピーク値 $\sqrt{2}\ V_2$ に，トランスの電圧変動率+20％（ε=0.2），電源電圧変動率 ε_{AC} を+10％（ε_{AC}=0.1）と見込み，さらに余裕 S を110％（S=1.1）と考え

$$V_{dc} \geqq \sqrt{2}\ V_2 \times (1+\varepsilon) \times (1+\varepsilon_{AC}) \times S$$
$$= \sqrt{2} \times 15 \times 1.2 \times 1.1 \times 1.1 \approx 30.8\ \text{V} \qquad (6.15)$$

より，35V品を使用する。

出力に現れるリプル電圧は，平滑コンデンサの容量だけでなく，トランスの巻線抵抗や負荷抵抗などの条件によって変化する。平滑コンデンサ容量は目安として

6.2 直流電源回路

$$C = \cfrac{25}{2\pi f \cfrac{V_{OUT}}{I_{OUT}}} \;\; [\mathrm{F}] \tag{6.16}$$

より求める[2]。東日本では電源周波数 $f = 50\,\mathrm{Hz}$，西日本では $f = 60\,\mathrm{Hz}$ であるが，より大きな容量を必要とする $50\,\mathrm{Hz}$ で計算すれば

$$C = \cfrac{25}{2\pi \times 50 \cfrac{15}{1}} \approx 5\,300\,\mathrm{\mu F} \tag{6.17}$$

である。$35\,\mathrm{V}$，$4\,700 \sim 6\,800\,\mathrm{\mu F}$ 程度を使用する。

〔5〕 **三端子レギュレータ**

図 6.9 において「7812」や「7912」は，三端子レギュレータと呼ばれる 3 本の端子（入力，GND，出力）を持つレギュレータ（電圧安定化回路）である。7800 はプラスの電圧出力用，7900 はマイナスの電圧出力用であり，それぞれ 00 に電圧が示される。

図 6.12 に新日本無線 NJM7800 および NJM7900 シリーズの外形とピン配置を示す。それぞれ $\pm 5 \sim \pm 24\,\mathrm{V}$ までの電圧が用意されている。最大出力電流はいずれも $1.5\,\mathrm{A}$ である。IC にはオーバヒート，出力ショートに対する保護回路も組み込まれている。図 6.12 に示すとおり，7800 と 7900 ではピン配置が異なることに注意する。

表 6.2 に絶対最大定格（TO-220 パッケージ）を示す。NJM7812 および NJM7912 の入力電圧の絶対最大定格はそれぞれ $+35\,\mathrm{V}$，$-35\,\mathrm{V}$ である。リプ

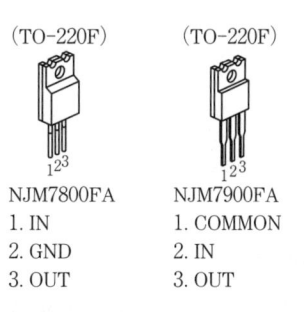

```
       (TO-220F)        (TO-220F)


       NJM7800FA        NJM7900FA
       1. IN            1. COMMON
       2. GND           2. IN
       3. OUT           3. OUT
```

図 6.12　NJM7800 および NJM7900 シリーズの外形とピン配置[3], [4]

表6.2 NJM7800 および NJM7900 シリーズの絶対最大定格 ($T_a=25℃$)[3),4)]

項 目	記 号	定 格		単 位
入力電圧	V_{IN}	(7805〜7810) 35 (7812〜7815) 35 (7818〜7824) 40	(7905〜7909) −35 (7912〜7915) −35 (7918〜7924) −40	V
消費電力	P_D	16 ($T_C \leqq 70℃$) 2 ($T_a \leqq 25℃$)		W
接合部温度	T_j	−40〜+150		℃
動作温度	T_{opr}	−40〜+85		℃

ルを含んだ入力電圧の最大値がこの値を超えてはならない.

図6.9の回路でのレギュレータ入力電圧の最大値 $V_{I(MAX)}$ は,トランスの電圧変動率 ε を 20%,電源電圧変動率 ε_{AC} を 10% と想定しても

$$V_{I(MAX)} = \sqrt{2}\ V_2 \times (1+\varepsilon) \times (1+\varepsilon_{AC}) - 2V_{AK}$$
$$= \sqrt{2} \times 15 \times 1.2 \times 1.1 - 2 \times 0.7 \approx 26.6\ \mathrm{V} \tag{6.18}$$

と計算され,最大定格に十分な余裕がある.

また,IC の動作には 2 V 以上の入出力間電圧差 V_0 が必要である.したがってレギュレータ入力電圧は,リプルを含んだ最小値が 14 V 以上必要となる.入力電圧の最小値 $V_{I(MIN)}$ は,トランスが定格電圧を出力し,かつ AC 100 V 電圧が 10% 低下した場合

$$V_{I(MIN)} = \sqrt{2}\ V_2 \times (1-\varepsilon_{AC}) - 2V_{AK}$$
$$= \sqrt{2} \times 15 \times 0.9 - 2 \times 0.7 \approx 17.7\ \mathrm{V} \tag{6.19}$$

であり,条件を満たしている.

三端子レギュレータを使用する際は,発振(高周波での電圧変動)を防ぐため,図6.9のように入出力とグランドの間に 0.1 μF 程度の高周波特性に優れる**セラミックコンデンサ**を並列接続する.

〔6〕 ヒートシンク

半導体に電流を流せば発熱するが,その熱はパッケージを介して空中へと放散する.熱の放散を妨げるパラメータとして熱抵抗〔℃/W〕を定義する.熱抵抗は,1 W の熱(=消費電力)を移動させるときに温度差が何℃生じるかを

表す.

$$\text{熱抵抗}〔℃/W〕=\frac{\text{温度差}〔℃〕}{\text{消費電力}〔W〕} \tag{6.20}$$

TO-220F パッケージの NJM7800 および NJM7900 シリーズは,ケース温度 $T_C=70℃$ まで消費電力 $P_D=16\,\text{W}$ で使用できる(表6.1).この条件のとき,IC パッケージの中の半導体チップの温度である接合部温度 T_j が,限界の 150 ℃まで上昇する.したがって,式(6.20)よりケース温度を $T_C=70℃$ に保った場合(無限大ヒートシンク)の接合部 – ケース間熱抵抗 θ_{jc} は

$$\theta_{jc}=\frac{T_j-T_C}{P_D}=\frac{150-70}{16}=5℃/W \tag{6.21}$$

である.ヒートシンクを用いない状態では,周囲の空気温度 $T_a=25℃$ のときの消費電力の絶対最大定格 $P_D=2\,\text{W}$ より,接合部 – 空気間の熱抵抗 θ_{ja} は

$$\theta_{ja}=\frac{T_j-T_a}{P_D}=\frac{150-25}{2}=62.5℃/W \tag{6.22}$$

となる.

三端子レギュレータの消費電力 P_D〔W〕は,平均入力電圧 V_{IN},出力電圧 V_{OUT},平均出力電流 I_{OUT} として

$$P_D=(V_{IN}-V_{OUT})\cdot I_{OUT} \quad〔W〕 \tag{6.23}$$

であるから,NJM7812 または NJM7912 を使用して $V_{IN}=26.6\,\text{V}$,$I_{OUT}=0.5\,\text{A}$ であれば,$V_{OUT}=12\,\text{V}$ より $P_D=7.3\,\text{W}$ となる.**図 6.13** に示すように 2.0 W を超えているため,ヒートシンクが必要となる.

ヒートシンクの性能も熱抵抗 θ_{hs}〔℃/W〕で表す.放熱の良い,表面積の大きなヒートシンクほど,熱抵抗値も小さい.

室内で使用する機器を想定して 60℃($T_a=60℃$)まで安全に動作できるように設計する.接合部から周囲の空気までの熱抵抗は,接合部から IC ケースまでの熱抵抗 θ_{jc} とヒートシンクの熱抵抗 θ_{hs} との直列になるから

$$\theta_{hs}\leq\frac{T_j-T_a}{P_D}-\theta_{jc}=\frac{150-60}{7.3}-5\approx 7.3℃/W \tag{6.24}$$

より,熱抵抗 $\theta_{hs}\leq 7.3℃/\text{W}$ 以下のヒートシンクを用いる.

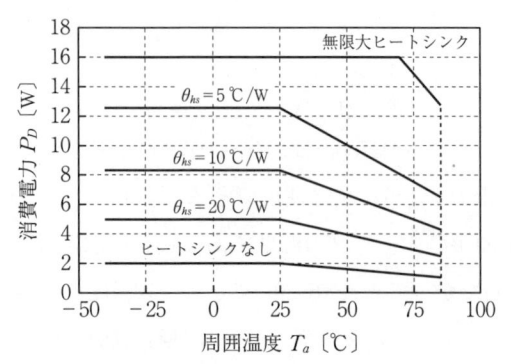

NJM7800FA 消費電力特性例
($T_{opr} = -40 \sim +85℃$, $T_j = \sim +150℃$, $P_D = 16\,W$ ($T_C \leq 70℃$))

図6.13　NJM7800 シリーズ消費電力特性[2]

6.2.3　スイッチングレギュレータ

スイッチングレギュレータは，半導体スイッチの高速なオン/オフ制御動作によって，直流電源からの電力供給と停止を短時間で繰り返して出力電力を制御する。図6.14にフォワードコンバータを使用したスイッチングレギュレータを示す。交流100Vを直接整流して得られる約140Vの直流電圧を，スイッチングによって100kHz以上の高周波に変換し，トランスを用いて電圧変換している。変圧後は再び整流回路によって直流電圧に変換する。

アナログ電源と比較して，整流回路とスイッチング回路が余計に必要と思わ

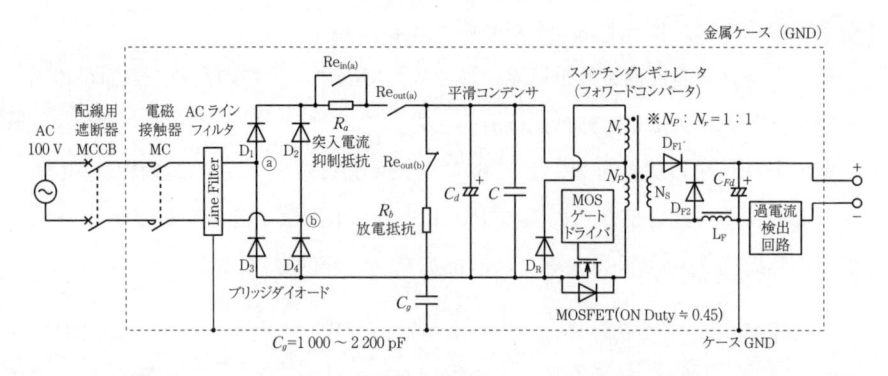

図6.14　フォワードコンバータを使用したスイッチングレギュレータ

6.2 直流電源回路

れるかもしれないが，高周波を用いることによって大きく重い電源トランスを小型化できるため，小さく軽い電源を実現できる。その一方でスイッチングレギュレータには，安全に起動・停止するための保護回路や，スイッチングに伴い発生するノイズに対する配慮が求められる。

〔1〕 フォワードコンバータ

図6.14のフォワードコンバータはスイッチングレギュレータの一方式である。ブリッジ整流回路と出力回路がトランスによって絶縁される絶縁形スイッチングレギュレータである。しかし，ブリッジ整流回路や平滑コンデンサ，MOSFET回路などのトランスより上流側の回路は，交流電源と絶縁されていない。これらの回路部分は不用意に触ると事故につながるため，金属ケースに覆われて外部から絶縁されている[†1]。

図6.14では，1次巻線N_Pが141Vの直流電圧ライン間に接続されている。MOSFETを周期的にオン/オフ動作させると1次巻線N_Pに交流起電力を生じ，電圧V_1〔V〕が発生する。このとき，他方の2次巻線N_Sには，巻数に比例した電圧V_2〔V〕が出力される（図6.10(b)）。

図6.14の1次側には，N_PとN_rが直列接続されている。N_rは**リセット巻線**と呼ばれ，MOSFETがオフ状態になるとき，トランスに蓄積された磁気エネルギー[†2]を平滑コンデンサへ回生する。一般的にN_rの巻数はN_Pと等しくする。

図6.14の2次側には整流ダイオードD_{F1}，D_{F2}が接続される。変圧器の極性を考慮すれば，MOSFETがオンのときD_{F1}が導通して2次側平滑コンデンサC_{Fd}を充電する。オフのときはD_{F2}が導通してL_Fの電流が還流する。コンデンサC_{Fd}の平均電圧が直流出力電圧となる。

〔2〕 **AC ラインフィルタ**

スイッチングレギュレータの欠点として，大きな**ノイズ**の発生がある。ス

[†1] ノイズ防止のため，図6.14の整流回路と金属ケースの間にC_gを接続している。
[†2] 2次側へ電力を伝えない磁束を発生させる励磁電流I_0〔A〕によるエネルギー。フォワードコンバータでは，MOSFETがオフ状態の間に消費，または回生することで，トランスの磁気飽和現象を防ぐ必要がある。

イッチング波形が方形波状で多くの高調波成分を含むことや，高速でスイッチングするために電圧・電流の変化が速いことなどが原因である。結果的に生じるノイズには，回路の電源ライン内に発生源を持つ**ノーマルモードノイズ（線間ノイズ）**と，各電源ラインと大地間のインピーダンス不平衡によって生じる**コモンモードノイズ（対地ノイズ）**がある。

図 6.14 の AC ラインフィルタは，交流電源ラインと整流回路間のノイズを低減する。**図 6.15** に AC ラインフィルタ回路を示す。フィルタ内のコイルとコンデンサによって高周波ノイズを減衰させる。AC ラインフィルタはシールド効果を高めるため，金属ケースに収められシールドされている。

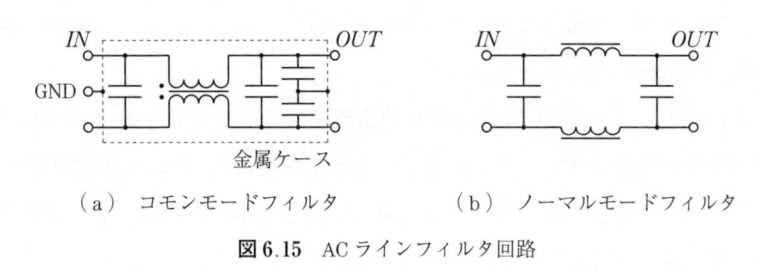

（a）コモンモードフィルタ　　　（b）ノーマルモードフィルタ

図 6.15　AC ラインフィルタ回路

〔3〕 保護回路による起動と遮断

図 6.14 の**配線用遮断器**（molded case circuit breaker, MCCB）は交流電圧源から電力を取り出す最初のポイントに接続され，交流電圧源から機器に流れる過電流を遮断する。一般家屋の**ブレーカ**である。

電磁接触器（electromagnetic contactor, MC）は過電流など，スイッチングレギュレータに内蔵されたマイコンや保護回路が異常を検出したとき，電源を遮断する。電磁接触器のしくみはリレーと同様である。電源回路の起動または遮断を決めるスイッチであり，起動後は，停止を指示するか異常を検出するまで，MC はオン状態を保持する。

図 6.14 の MCCB と MC をオンにして交流電源が接続されると，b 接点リレー $Re_{out(b)}$ は接点が開き，a 接点リレー $Re_{out(a)}$ は接点を閉じて整流用ブリッジダイオードと平滑コンデンサが接続され，スイッチングレギュレータが起動する。直後からブリッジダイオードの整流動作によって直流電圧が平滑コンデンサに

表れる．このとき，平滑コンデンサの初期電圧は 0（初期電荷が 0）のため，**突入電流**と呼ばれる急激な電荷流入が生じる．平滑コンデンサは大容量のため突入電流が大きく，整流用ブリッジダイオードを破壊するおそれがある．これを防ぐため，突入電流を抑える**突入電流抑制抵抗** R_a が直流電源ライン上へ直列に挿入されている．R_a に並列接続される a 接点リレー $\text{Re}_{in(a)}$ は，MC をオンにした数秒後に接点を閉じて R_a をバイパスする．

一方，電源回路を使用しないときは，大容量の平滑コンデンサにたまった電荷を放出しておかなければ危険である．このため MC がオフの状態では，b 接点リレー $\text{Re}_{out(b)}$ の接点を閉じ，**放電抵抗** R_b により平滑コンデンサに蓄積された電荷を消費する．

電源回路保護のため，出力端子のグランドラインには**過電流検出回路**が接続されている．接続した負荷に予期しない大電流が流れたとき，遮断動作を自動で行うために検出する回路である．

過電流のほかにも温度異常，電源電圧異常などの検出回路などが備えられ，順序（シーケンス）に従ったリレーのオン / オフ動作とともに，保護動作はスイッチングレギュレータに内蔵されたマイコンによってコントロールされる．

[演習問題]

6.1 起電力 $V=1.5\,\text{V}$，内部抵抗 $r=0\,\Omega$ の理想的なバッテリーがある．抵抗 $R_1=10\,\Omega$，$R_2=20\,\Omega$ を直列接続してバッテリー端子間につないだとき，端子間電圧はどうなるか．また，R_1 と R_2 を並列接続したときはどうか．

6.2 図 6.4 について，式 (6.1) の交流電源を接続して S がオンのとき，抵抗 R を取り除いた場合の直流出力端子間平均電圧 V_{Ra}〔V〕を求めよ．

6.3 図 6.4 について抵抗 R が $90\,\Omega$，交流電源電圧実効値を $100\,\text{V}$ とする．S がオフのとき，抵抗に流れる平均電流 I_{da}〔A〕を求めよ．

6.4 $100\,\mu\text{F}$ の電界コンデンサがある．端子間電圧が $10\,\text{V}$ のときに蓄積されている電荷量 Q を求めよ．

6.5 図 6.4 について S がオンのとき，抵抗 R を現在より低い抵抗値に変更すると，直流電圧脈動率 δ〔%〕と電圧変動率 ε〔%〕が悪化する．理由を説明せ

6.6 理想変圧器がある。50回巻の1次巻線端子間に $V_1 = 100$ V の交流電圧を印加した。2次巻線端子間に 50 V の交流電圧出力を得るための2次巻数を求めよ。

6.7 2次側電圧 $V_2 = 28$ V，電流 $I_2 = 2$ A の電源トランスがある。ブリッジ整流を用いて直流を得るとき，以下の問に答えよ。ただし，直流電流出力は最大 1.4 A とする。直流電圧出力は整流後の電圧の最大値とする。また，電源電圧の変動は ±10%，トランスの電圧変動率は 20% とする。

（1） ダイオードに求められるピーク繰返し逆電圧，およびピークサージ電流を求めよ。電圧余裕 $S = 200\%$，ピークサージ電流は平均順電流の 10 倍とする。

（2） 平滑コンデンサの定格電圧および容量を求めよ。余裕は $S = 110\%$ とする。

6.8 図 6.9 の回路において NJM7805 の入力電圧 $V_{IN} = 26.6$ V，出力電流 $I_{OUT} = 0.5$ A のとき，周囲温度 60℃ で使用可能とするためのヒートシンクの熱抵抗を求めよ。

6.9 図 6.14 のフォワードコンバータが動作中，リセット巻線 N_r が外れるとどうなるか説明せよ。

6.10 図 6.14 の回路で，突入電流を 1 A 以下に抑えるために必要な R_a の抵抗最小値を求めよ。ただし，接続されている素子はいずれも理想（損失なし）とする。

7 DCモータのディジタルコントロール

メカトロニクス機器は，センサ情報をマイコン処理してアクチュエータの動作を決める。この章ではPICマイコンを用いてデータを読み込み，PWMコントローラを用いてDCモータの回転数をコントロールする方法，Hブリッジドライバを用いてモータを正逆転する方法を勉強しよう。

7.1 PICマイコン

7.1.1 PIC16F1938

PICはマイクロチップ・テクノロジー社の制御用マイコンである。1個のICの中にCPU，メモリ，I/Oが収められたマイコンである。専用のPICライターを用いて内部ROMにプログラムを書き込み，単独動作させることが可能である。安価で種類が豊富であり，開発システムをフリーでダウンロードでき，さらにPICライターも安価であるため，電子回路のコントローラとして広く使われている。

本章では二つのPWMモジュール（CCP[†1]），三つのエンハンストPWMモジュール（ECCP[†2]）を内蔵するPIC16F1938を用いてDCモータコントローラを製作する。

図7.1にPIC16F1938の内部ブロックを示す。PIC16F1938は，1.8Vから

[†1] 正式にはCapture, Compare, PWM（CCP）モジュールと呼ばれ，PWM以外の用途にも使用可能である。
[†2] 正式にはEnhanced Capture, Compare, PWM（ECCP）モジュールと呼ばれ，PWM以外の用途にも使用可能である。

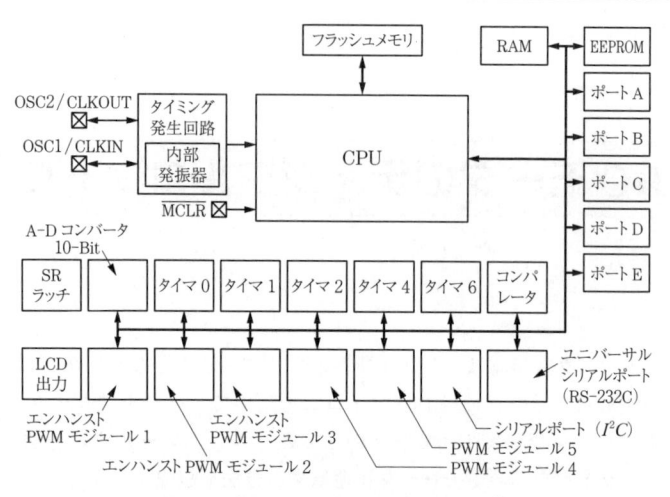

図 7.1 PIC16F1938 の内部ブロック[1]

5.5 V までの電源電圧で動作する．内蔵クロックにより 31 kHz から 32 MHz までの動作周波数を選ぶことができる．PWM モジュールのほか，タイマや A-D コンバータ (ADC)，シリアルインタフェースなどを備えている．

PIC の入出力ポートは，最大で ±25 mA までの電流出力（ソース）あるいは電流吸込み（シンク）が可能である．LED や小型のトランジスタ，MOSFET なども直接ドライブできる．

7.1.2 A-D コンバータ

A-D コンバータは，アナログ電圧をディジタルデータに変換する電子回路である（**図 7.2**）．ディジタル値に変換されたアナログ電圧を**サンプル**と呼び，ディジタル化することを**サンプリング**と呼ぶ．

ディジタル化するアナログ電圧範囲を**フルスケール**と呼ぶ．フルスケールの間を何段階のディジタル値に変換できるかを**分解能**と呼ぶ．分解能は 2 のべき乗数で表す．8 ビットであれば $2^8 = 256$ 段階にアナログ電圧をディジタル化する．ディジタル値の最小ビット（LSB）の電位差を**量子化単位**（量子化幅）〔V〕と呼ぶ．

7.1 PIC マイコン

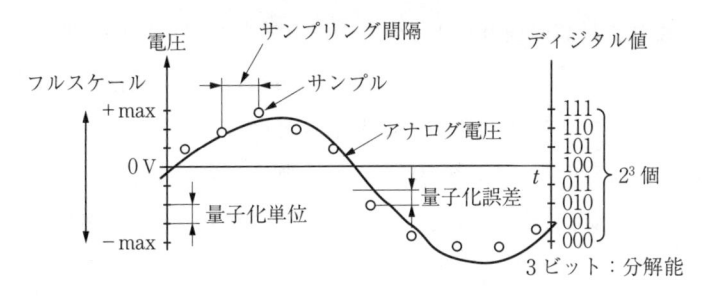

図 7.2 アナログ電圧のディジタル数値化

PIC16F1938 は，10 ビット分解能の A-D コンバータを内蔵する．したがって，アナログ電圧を $2^{10} = 1\,024$ 段階のサンプル値に変換する．いま，$0 \sim 5\,\mathrm{V}$ をフルスケールとすれば，量子化単位 ΔV は

$$\Delta V = \frac{5-0}{2^{10}-1} \approx 4.89\,\mathrm{mV} \tag{7.1}$$

となる．

A-D コンバータは，量子化単位 ΔV 以下の電圧をディジタル化できない．この間のアナログ電圧は，上か下かどちらかのディジタル数値に丸められる．この丸めによる誤差を**量子化誤差**と呼ぶ．

例えば量子化単位 $4.89\,\mathrm{mV}$ の A-D コンバータを用いて $10\,\mathrm{mV}$ を A-D 変換したとする．このとき，ディジタル値は 2（$9.78\,\mathrm{mV}$）または 3（$14.66\,\mathrm{mV}$）のどちらかに丸められる．四捨五入のように，近い方に丸められるとは限らない．

アナログ信号をサンプリングする場合には，フルスケールを広すぎないように選び量子化単位をできるだけ小さくする．例えば $0 \sim 1\,\mathrm{V}$ の信号をフルスケール $0 \sim 5\,\mathrm{V}$ の A-D コンバータでサンプリングすれば，実質的に A-D コンバータの分解能は 2 ビット減少する．フルスケールを狭めるか，アナログ増幅を用いてフルスケールの範囲を有効に使うようにする．PIC16F1938 では，フルスケールの上限，下限をアナログ電圧によって設定できる．

サンプリングはプログラムによって一定周期で繰り返される．この間隔を**サンプリング間隔**〔s〕と呼び，その逆数を**サンプリング周波数**〔Hz〕と呼ぶ．

信号に含まれる最高の周波数 f_{max} の 2 倍以上のサンプリング周波数 f_s があれば，理論上，ディジタルデータはアナログ信号に含まれる周波数情報を失うことはない（サンプリング定理）。しかし信号変化に応答するコントローラを製作する場合には，サンプリング周波数 f_s は，制御対象の動作に含まれる最高の周波数 f_{max} の，少なくとも 10 倍，できれば 20 倍以上とする（**図 7.3**）。

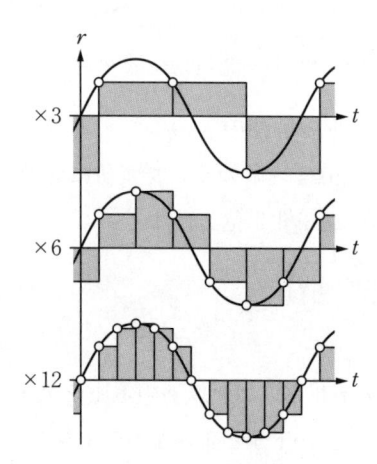

図 7.3 サンプリング周波数によるディジタル数値の変化

7.1.3 逐次比較形 A-D コンバータ

PIC マイコンには逐次比較形 A-D コンバータが使用されている。逐次比較形は高速の A-D 変換が可能であり，PIC 以外にも多くの IC で使われている。

図 7.4 に逐次比較形 A-D コンバータの内部構成を示す。逐次比較形は，サ

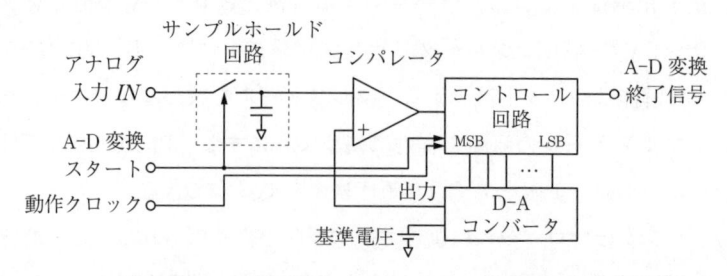

図 7.4 逐次比較形 A-D コンバータの内部構成

ンプルホールド回路，コンパレータ，コントロール回路，D-Aコンバータより構成される．内部のD-Aコンバータの出力電圧を，サンプルホールドされた入力電圧と比較し，徐々に入力電圧に近付ける．

アナログ電圧信号は，まずサンプルホールド回路に入力される．サンプルホールド回路は，A-Dスタート信号が入力された時点の入力電圧をコンデンサに保つ．これによってコンパレータの入力電圧は，A-D変換終了まで一定値に保たれる．変換中に入力電圧が変動すると変換結果が安定しなくなるため，サンプルホールド回路を使用する．

コンパレータは，サンプルホールド回路の出力電圧（サンプルホールド出力）とD-Aコンバータの出力電圧（D-A出力）を比較し，結果をコントロール回路に出力する．

コントロール回路では，A-D変換スタート信号が入力されると，最上位ビット（MSB）から順にディジタル値を作り出す．ここでは4ビットのA-Dコンバータとして考える．スタート信号が入力されると，まずMSBのみ「1」とした「1000」を出力する．このとき，D-A出力は**図7.5**のように，最大値の半分となる．このD-A出力とサンプルホールド出力をコンパレータが比較する．

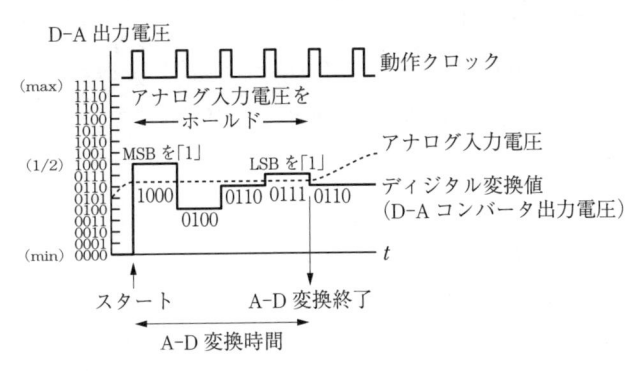

図7.5 逐次比較形A-Dコンバータの動作

コントロール回路は，D-A出力がサンプルホールド出力より大きければ，最上位ビットを「0」に戻し，逆に，D-A出力がサンプルホールド出力より小さければ，最上位ビットは「1」に保つ．そして，つぎのビットを「1」とし

て，再び D-A 出力をサンプルホールド出力と比較する。以後，最下位ビット（LSB）に至るまでこれを繰り返す。動作を**図 7.6** に示す。

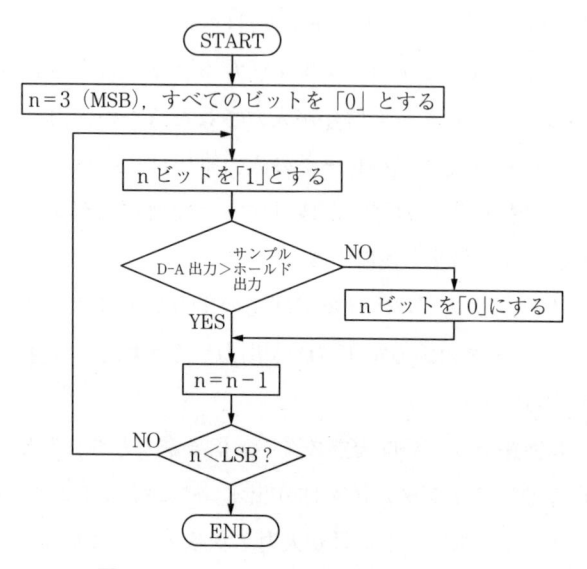

図 7.6 逐次比較形 A-D コンバータの動作

クロックはコントロール回路を動作させる。LSB の比較が終わった時点で A-D 変換終了信号を出力する。

このように逐次比較形では，アナログ電圧との比較が A-D コンバータのビット数回繰り返される。このためサンプルホールド回路での A-D 変換中の電圧保持が必要となる。

7.1.4 D-A コンバータ

逐次比較形 A-D コンバータは内部に D-A コンバータを持つ。PIC マイコンでは，**図 7.7** に示す R-2R ラダー形が用いられている。R-2R ラダー形は，R と $2R$ の二つの抵抗を使って回路を構成できるため，容易に高精度を得られる D-A コンバータである。

図 7.8（a）は，MSB ビットのみ「1」，他のビットは「0」の状態である。MSB よりラダー右側の合成抵抗値は $2R$ となり，基準電圧 V_{REF} は，2 本の $2R$

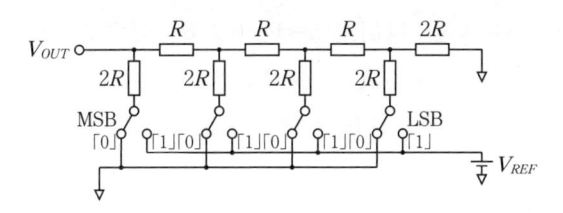

図7.7 R-2R ラダー形 D-A コンバータ

（a） MSB ビットのみ「1」　　　（b） MSB-1 ビットのみ「1」

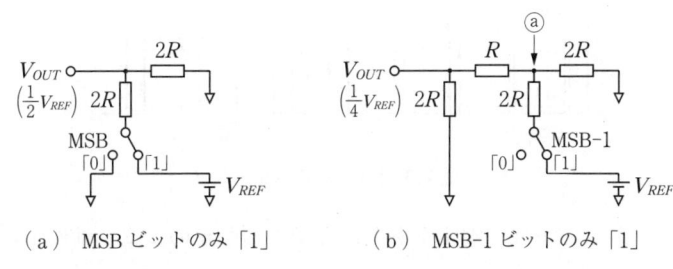

図7.8 R-2R ラダー形 D-A コンバータの動作

で 1/2 に分圧される。

図 7.8 (b) は，MSB-1 ビットのみ「1」，他のビットは「0」の状態である。この回路では，ⓐ 点の電位は $(3/8)V_{REF}$ となり，この電圧を ⓐ 点の左側の R と $2R$ で 2/3 に分圧するから，出力電圧 V_{OUT} は $(3/8)V_{REF} \times (2/3) = (1/4)V_{REF}$ となる。

同様にして，それぞれのスイッチを「1」とすれば，1/8，1/16，1/32，…，とビット数に応じた電圧が得られる。

7.2　PWM による DC モータのスピードコントロール

3章で述べたように DC モータの回転数は，基本的には端子電圧に比例する。そのため電圧は一定としたまま，パルス幅を変更する **PWM**（pulse width modulation）コントロールが使われる。

PWM コントロールでは，スイッチのオン / オフを繰り返すことにより，直流電圧 $+V$ と 0 を繰り返し出力して，任意の平均値（= 実効値）電圧を作り

出す（図7.9）。パルス電圧は高速で+V, 0を繰り返すが，モータコイルにはインダクタンスがあるため電流は平滑化され，さらに回転子のイナーシャによって回転数の変動は平滑化される。モータ回転数はパルス幅で変わる平均電圧に比例する。

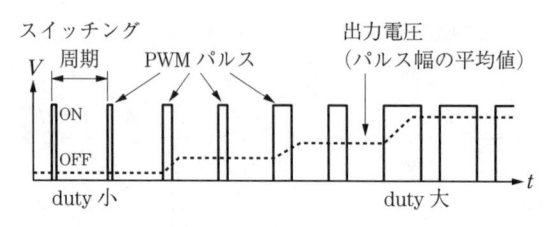

図7.9 PWMパルス出力

PWMコントロールは，電圧をあたかも切り刻むかのように動作するため，**チョッパコントロール**とも呼ばれる。1秒間に何回のオン/オフを繰り返すかを**スイッチング周波数**，また，スイッチング周期に対するオン時間の比率を**デューティ比**（duty ratio）と呼びパーセントで表す。

直流電圧 V〔V〕，デューティ比 duty〔%〕とすれば，出力電圧 V_{OUT}〔V〕の平均値は

$$V_{OUT} = \text{duty} \times V \quad 〔V〕 \tag{7.2}$$

となる。

7.3 Hブリッジ回路を用いたモータ正逆転コントロール

7.3.1 Hブリッジ回路の動作

DCモータは，端子間に印加する電圧の極性を反転すれば，出力軸の回転方向も逆転する。Hブリッジ回路は，スイッチを制御してモータの正転，逆転，そして停止をコントロールする回路である。Hブリッジ回路を**図7.10**に示す。

SW_1 と SW_2, SW_3 と SW_4 のように，電源とグランドをつなぐスイッチの組合せを**レッグ**と呼ぶ。スイッチのうち電源と接続される方を**ハイサイドアーム**，グランドに接続される方を**ローサイドアーム**と呼ぶ。2組のレッグの中点

7.3 Hブリッジ回路を用いたモータ正逆転コントロール

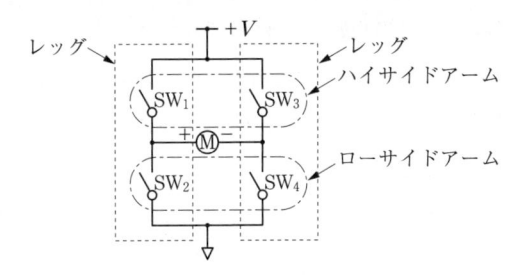

図7.10 Hブリッジ回路

間に，橋をかけたように負荷や電源を接続したものを**ブリッジ回路**と呼ぶ。Hブリッジは，形がアルファベットの「H」のように見えることに由来している。

図7.10では，ハイサイドアームとローサイドアームのスイッチを同時にオンしてはならない。同時にオンすると，電源とグランドが短絡する。このためスイッチに過大な電流が流れ，スイッチの焼損や回路全体の破壊を招くおそれがある。瞬間的であっても，絶対に発生させてはならない。このため，ハイサイドアームとローサイドアームのスイッチが共にオフとなる**デッドタイム**（dead band delay）を設ける。デッドタイムはスイッチ素子のターンオフ時間（t_off）に依存する。安全のため，t_off の2～3倍以上確保する。

図7.10のHブリッジ回路を用いてモータを正転させるには，左側レッグのハイサイドアーム（SW_1）と右側レッグのローサイドアーム（SW_4）をオンする。このとき，モータの＋端子は電源 $+V$〔V〕に接続され，モータの－端子はグランドGNDに接続され0Vとなる。したがって，モータ端子間には $+V$〔V〕が印加され，モータは正転する。

モータを逆転させるには，SW_1 と SW_4 をオフにして，SW_2 と SW_3 をオンにすればよい。すると，モータの－端子は $+V$〔V〕，＋端子は0Vに接続される。このときモータ端子間に $-V$〔V〕が印加され，モータは逆転する。

また，両方のローサイドレッグ（SW_2 と SW_4）をオンすると，モータの端子間がグランドラインを通じてショートされる。これは，2.2.5項で学んだショートブレーキである。すべてのスイッチをオフしたときは，モータ端子間は開放状態となり，モータは回転力も制動力も発生しない（フリーラン）。

Hブリッジ回路はモータの正転，逆転を切り替えるだけでなく，速度コントロールにも使用できる。Hブリッジ回路のPWMコントロールは，一方のレッグのローサイドアームをオンし続けた状態で，他方のレッグのハイサイドアームとローサイドアームを交互にオンする。これにより，モータ端子間電圧が+V〔V〕と0Vにスイッチングされる。デューティ比はハイサイドアームとローサイドアームのオン時間の比率を調整し，モータに供給する平均電圧をコントロールする。

7.3.2　nチャネルMOSFETによるHブリッジ回路

nチャネルMOSFETを使用したHブリッジ回路を**図7.11**に示す。nチャネルMOSFETは，ゲート–ソース間にしきい値電圧 V_{th}〔V〕以上の電圧を印加すればドレイン–ソース間が導通するスイッチとして動作する。

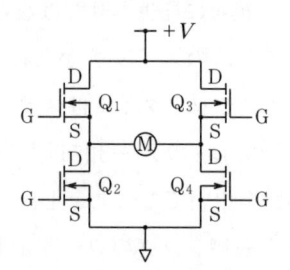

図7.11　nチャネルMOSFETによるHブリッジ

いま，ローサイドアームのMOSFETは，ソース端子がグランドに接続されている。ゲート端子に V_{th} 以上の電圧を印加すれば，MOSFETはオンする。ゲート端子電圧を0VにすればMOSFETはオフされる。

ローサイドアームのMOSFETをオン/オフするのは簡単だが，ハイサイドアームのMOSFETをオン/オフするためには工夫を要する。ハイサイドMOSFETのソース端子は，モータ端子と接続されている。モータの回転によって起電力が生じるため，ハイサイドMOSFETのソースとグランド間の電圧は，他方のレッグのローサイドMOSFETがオンであっても変動する。

7.3 Hブリッジ回路を用いたモータ正逆転コントロール

ハイサイドMOSFETのオンを保つためには，ゲート-ソース間に V_{th} 以上の電圧を与え続ける必要があるが，ゲート電圧はソース電圧の変動に伴って変化させなければならない．ソース端子の電圧が $+V$〔V〕まで上昇した際は，ゲート端子に $V+V_{th}$〔V〕以上の電圧が必要となるため，電源電圧以上の電圧を作り出す昇圧回路が必要となる．

ここでは，**ブートストラップ回路**（図7.12）を用いる．ブートストラップ回路は，コンデンサの電圧を保持する性質を利用した昇圧回路である．

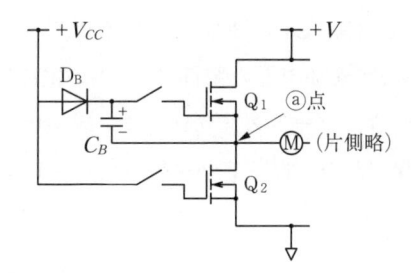

図7.12 ブートストラップ回路による
ハイサイドゲート電圧の保持

コンデンサは5.1.3項〔5〕で説明したとおり，平行極板の間に電荷を蓄える．蓄えた電荷によって，コンデンサの端子間に電圧 $+V_C$ を生じる．電荷を移動させないでコンデンサの一方の端子電圧を $+\Delta V$ 動かせば，他方の端子の電圧も同じ $+\Delta V$ だけ動き，$+\Delta V+V_C$ となる（図7.13）．コンデンサの電圧は $+V_C$ を保ったまま，グランドに対する端子電圧が変化する．

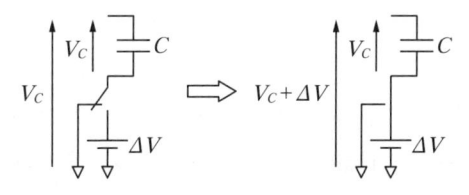

図7.13 コンデンサによる電位差の保持

水を蓄えたバケツをイメージしてみよう。バケツに水を蓄えたまま上に持ち上げれば，バケツ水面も持ち上げた高さだけ高くなる。コンデンサは，電荷を蓄えるバケツのような働きをする。

図7.12のブートストラップ回路では，レッグの中点である ⓐ 点の電位は，ローサイドのMOSFETがオン（ハイサイドのMOSFETはオフ）すると0Vになる。このときブートストラップコンデンサ C_B には，ダイオード D_B を通して電源電圧 $+V_{CC}$〔V〕が印加されている。このため C_B は端子間電圧が $+V_{CC}$ となるまで充電される。

つぎに，ローサイドMOSFETをオフし，ハイサイドのMOSFETをオンする。ハイサイドMOSFETをオンした瞬間に ⓐ 点の電位は0Vから $+V$〔V〕へと上昇する。そのとき，ブートストラップコンデンサ C_B の+端子電圧は，充電された $+V_{CC}$ が保たれた上に $+V$ が重畳された $+V_{CC}+V$ となる。この電圧がハイサイドMOSFETのゲートに印加され続けるため，ハイサイドMOSFETはオン状態を保つ。ブートストラップダイオード D_B は，ブートストラップコンデンサ C_B に蓄えた電荷が，電源ラインへと流出することを防いでいる。

ところで，水を蓄えたバケツに小さな穴があり，そこから徐々に水が漏れている状況をイメージしてほしい。当然，この状態を放置していればどんどんと水面は下がっていく。水面を維持するためには，再度水を入れ直す必要がある。

これとまったく同じことが，ブートストラップコンデンサにも生じている。ブートストラップコンデンサの電圧をハイサイドMOSFETのゲートに印加している間に，少しずつコンデンサの電圧は低下する。これは，MOSFETにもわずかな**ゲート漏れ電流**が流れるためである。ブートストラップコンデンサの電圧が V_{th}〔V〕を下回ると，MOSFETはオフする。

再度ブートストラップコンデンサに電荷を蓄えるためには，いったんハイサイドMOSFETをオフして，ローサイドMOSFETをオンすればよい。PWMコントロールではローサイドMOSFETがつねにオン，または周期的に短時間で

オン/オフを繰り返すため，コンデンサは充電される。

ただしデューティ比100%ではハイサイドMOSFETがオンし続けるため，ブートストラップコンデンサは再充電されなくなる。したがって，ブートストラップ回路を用いてMOSFETをドライブする場合，デューティ比＜100%とする。

7.3.3　PICマイコンとHブリッジ回路のインタフェース

図7.14にPIC16F1938とMCP14700ゲートドライバICを使用したDCモータ正逆転回路を示す。図7.14の回路では，VR_1が中点にあるときはモータを停止し，VR_1を一方に回せばモータを正転し，逆方向に回せばモータを逆転する。さらにVR_1の回転角によってモータ回転数を調整する。

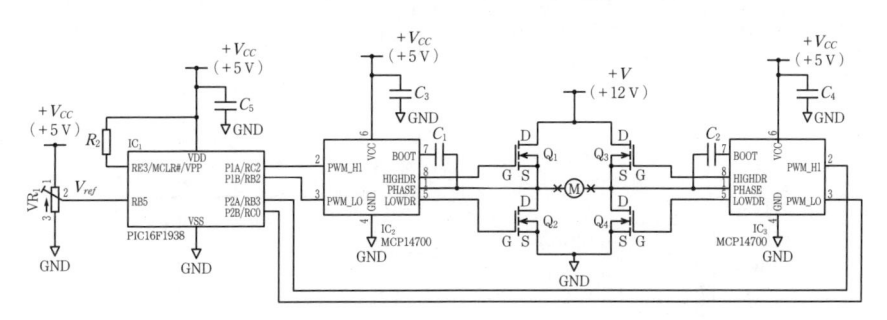

図7.14　PIC16F1938とMCP14700ゲートドライバICを使用したDCモータ正逆転回路

PICの出力はゲートドライバICを介してMOSFETに接続する。ローサイドMOSFETのゲートは，PICマイコンのピンを直接つないでドライブすることもできる。しかし，ハイサイドMOSFETのドライブには電圧シフトが必要である。ここではブートストラップ回路を内蔵したゲートドライバICを用いて両サイドのMOSFETをドライブする。

ゲートドライバICの役割は，つぎの2点である。

（1）インピーダンス変換

MOSFETのゲート－ソース間に電圧を印加する際，瞬間的にゲート容量を充電するための大きな電流が必要となる。MOSFETによっては，PICマイコ

ンの出力電流では不十分なためにスイッチングが遅れることがある．ゲートドライバICは，MOSFETのゲートをドライブするために十分な電流吐出能力を持つ．

（2） ハイサイドMOSFETのドライブ

ハイサイドMOSFETをドライブするためには，電源電圧以上の電圧が必要となり，PICの出力では直接ドライブできない．ゲートドライバICは，専用の設計により，ハイサイドMOSFETをドライブする機能を持つ．

図7.15にMCP14700のピン配置を，図7.16にMCP14700を用いて構成したレッグを示す．MCP14700は36Vまでのブート電圧を発生可能である．図7.14ではモータ駆動電圧$+V$を$+12$Vとしているが，約$+30$VまでのHブリッジをドライブ可能である．

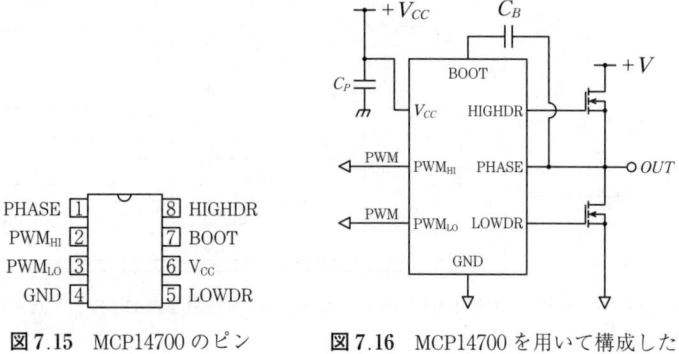

図7.15 MCP14700のピン配置図[2)]

図7.16 MCP14700を用いて構成したレッグ

MCP14700のV_{CC}とGNDは，それぞれ回路の電源とグランドへ接続される．電源電圧$+V_{CC}$はPICと同じ$+5$Vである．両ピンの間に0.01μF程度のパスコンC_Pを挿入する．HIGHDRとLOWDRは，それぞれハイサイド，ローサイドMOSFETのゲート端子へ接続する．

PICからの信号入力は，PWM_{HI}とPWM_{LO}である．それぞれが出力のHIGHDRとLOWDRに対応する．PWM_{HI}にハイ/ロー（H/L）信号を加えると，HIGHDRに接続されたMOSFETのゲートオン/オフ信号となって出力される．PWM_{LO}も同様に，LOWDRに接続されたMOSFETをオン/オフする．

7.3 Hブリッジ回路を用いたモータ正逆転コントロール

BOOT と PHASE の間には，ブートストラップコンデンサ C_B〔F〕を接続する。C_B の容量は，MOSFET のゲート容量 Q_g に合わせて決定する。

$$C_B \geq 5 \cdot Q_g \quad 〔\mathrm{F}〕 \tag{7.3}$$

例えば $Q_g = 80\,\mathrm{nC}$ であれば，$C_B \geq 0.4\,\mathrm{\mu F}$ とする。ただし C_B は $1.2\,\mathrm{\mu F}$ 以下でなければならない。BOOT は，内蔵されたブートストラップダイオードにより V_{CC} と接続されている。PHASE はレッグの中点に接続する。

7.3.4 PIC マイコンによる PWM 信号の発生

PIC16F1938 には，PWM モジュール（CCP）およびエンハンスト PWM モジュール（ECCP）が内蔵されている。PWM モジュールは PIC の内蔵タイマを用いて，任意の周期，デューティ比の PWM 信号を生成する。また，エンハンスト PWM モジュールには，ブリッジ制御に特化した機能が用意されている。ここでは，エンハンスト PWM モジュールを用いて PWM 信号を発生させる。

PIC マイコンは内蔵クロック F_{OSC}〔Hz〕で動作する。2, 4, 6 番のタイマモジュールでは，F_{OSC} を 1/4 に分周されたクロックを，さらにプリスケラ PSR で 1/1，1/4，1/16，1/64 のいずれかに分周してカウントする。カウントクロック F_{CNT} は

$$F_{CNT} = \frac{F_{OSC}}{4}\mathrm{PSR} \tag{7.4}$$

となる。例えば内蔵クロック F_{OSC} を $8\,\mathrm{MHz}$ に設定し，プリスケラ PSR を 1/16 に設定すれば，$F_{CNT} = 125\,\mathrm{kHz}$ となる。プリスケラは TnCON レジスタにて設定する。

PWM モジュールは，タイマのカウント値を用いて PWM 信号を発生する。PWM 周期 T〔s〕とするためには PRn レジスタを

$$\mathrm{PRn} = T \cdot F_{CNT} \tag{7.5}$$

と設定する。ここで，n はタイマ番号（2, 4, 6）である。

つぎに PWM 信号のオン時間 T_{ON}〔s〕は，CCPRnL レジスタを

$$\text{CCPRnL} = T_{ON} \cdot F_{CNT} \tag{7.6}$$

と設定する†。ここで，nはCCPモジュール番号（1～5）である。

PWM信号生成の流れを図7.17に示す。PWMモジュールはまず，PWM出力に「H」レベルを出力する。タイマがカウントアップされ，カウント値がCCPRnLに達したとき，PWMモジュールはPWM出力を「L」レベルにする。その後もタイマはカウントを続け，カウント値がPRn+1に達したとき，カウントを0に戻し，PWM出力に再度「H」を出力する。この動作を繰り返してPWM信号を出力する。

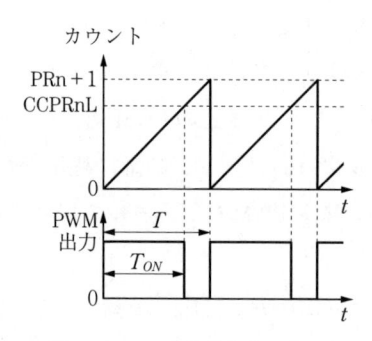

図7.17 PWM信号生成の流れ

基本のPWMモジュールをブリッジ制御用に拡張したものが，エンハンストPWMモジュール（ECCP）である。エンハンストPWMモジュールは数種類の動作モードを持つが，ここではハーフブリッジ（Hブリッジの片側）モードを使用する。

ハーフブリッジモードでは，ハイサイドMOSFET用とローサイドMOSFET用のPWM信号がそれぞれ出力される。これらの信号は，どちらかがオンのときは，もう片側がオフとなるように，エンハンストPWMモジュールにより自動的にコントロールされる。

ただし，ハイサイドとローサイドの信号切替を同時にしたのでは，ターンオ

---

† 正確にはCCPRnLレジスタとCCPxCONレジスタまたはDCnBレジスタのうちの2ビットを合わせて設定する。

7.3 Hブリッジ回路を用いたモータ正逆転コントロール

フ時間のため両方の MOSFET が同時にオンになる危険がある。このためエンハンスト PWM モジュールでは，ハイサイドとローサイドの切替の間に，両方の MOSFET をオフにするデッドタイムが用意されている（図 7.18）。

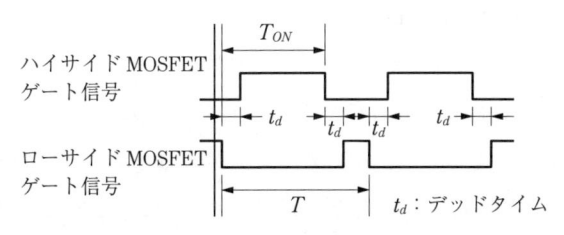

図 7.18　ディレイタイムの挿入

エンハンスト PWM モジュールは，以下の手順で用いる。

まず，ハーフブリッジモードとして使うことを宣言する。CCPRnL レジスタと PRn レジスタの設定は，PWM モジュールと同じである。デッドタイムは PWMnCON レジスタに設定する。

PIC16F1938 には，三つのエンハンスト PWM モジュールが内蔵されている。PIC16F1938 のピン配置を図 7.19 に示す。PnA，PnB が PWM 信号出力である。ここで n はモジュール番号（1～3）である。ハーフブリッジ用モードでは，PnA からハイサイドの PWM 信号が，PnB からローサイドの PWM 信号が出力される。回路では，PnA をゲートドライバ IC の PWM_{HI} へ，PnB を PWM_{LO} へ接続する。

図 7.14 の回路では，1 番モジュールを左側のレッグへ，2 番モジュールを右

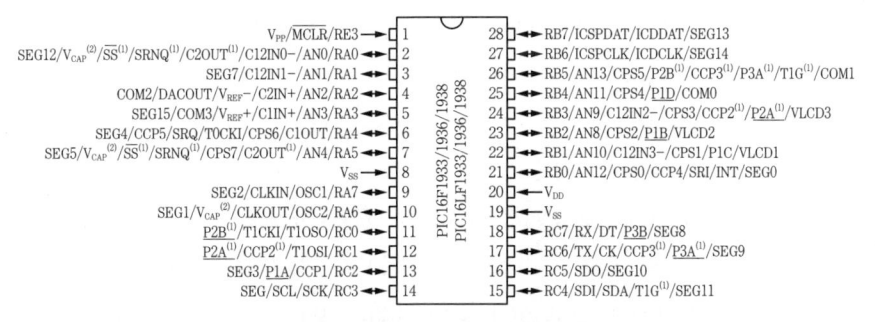

図 7.19　PIC16F1938 ピン配置図[1)]

側のレッグへ接続した．PIC の出力と MOSFET は，P1A が Q_1，P1B が Q_2，P2A が Q_3，P2B が Q_4 に対応する．

7.3.5 PIC マイコンのプログラム

図 7.14 の回路の VR_1 を用いてモータの正逆転をコントロールするプログラムを作成する．VR_1 は電源電圧 5 V を可変して PIC の RB5 に電圧 V_{ref} を入力する．VR_1 が中点にあるとき，RB5 に 2.5 V が入力される．このとき，モータを停止する．ただし V_{ref} を完全に 2.5 V に合わせたとしてもノイズがあり，PIC 入力電圧は変動する．そこで 2.4〜2.6 V の範囲にあるときに停止させる．2.6 V 以上のときにはモータを正転，2.4 V 以下のときにはモータを逆転させる．2.5 V との差が大きくなるにつれてデューティ比を増加し，5 V で 95％正転，0 V で 95％逆転とする．設定電圧とデューティ比の変化を図 7.20 に示す．

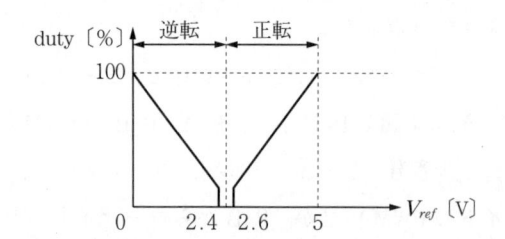

図 7.20　設定電圧とデューティ比の変化

モータ正逆転プログラムを図 7.21 に，フローチャートを図 7.22 に示す．

main( ) では，PWM ほかの初期設定をして，メインのループに入る．

メインループでは，まず，VR_1 で分圧された電圧値 V_{ref} を A-D コンバータによって ad_value に読み込む．PIC16F1938 の A-D コンバータは 10 ビットの分解能であるが，上位 8 ビットのデータのみ用いる．このため，0〜5 V の値は，0〜255 の 256 段階に対応する．中点の 2.5 V は 256/2 = 128 である．

つぎに，V_{ref} が 2.4〜2.6 V であればモータを停止する．ad_value は 8 ビット値であるので，V_{ref} 値の 2.4 V が 123，2.6 V が 133 に対応する．モータの停止は，PWM モジュールの CCPR1L と CCPR2L を 0 にセットし，両側のレッグ

7.3 Hブリッジ回路を用いたモータ正逆転コントロール

```c
#include <xc.h>
#include <stdlib.h>

__CONFIG( FOSC_INTOSC & WDTE_OFF & PWRTE_OFF & MCLRE_OFF & CP_OFF & CPD_OFF & BOREN_ON & CLKOUTEN_OFF &
IESO_OFF & FCMEN_OFF );
__CONFIG( WRT_OFF & VCAPEN_OFF & PLLEN_OFF & STVREN_OFF & BORV_HI & LVP_OFF );

#define _XTAL_FREQ 8000000        /* 動作周波数 : 8MHz */

void initializePort( void );
void initializePWM( void );
void initializeAD( void );

void main( void )
{
    int ad_value, duty;           /* AD 変換値, Duty 比 */

                                  /* 初期設定 */
    OSCCON = 0b01110010;          /* 内部オシレータ 8MHz PLL OFF */
    initializePort();             /* ポート初期設定 */
    initializePWM();              /* PWM 初期設定 */
    initializeAD();               /* ADC 初期設定 */

    while( 1 ){
        GO_nDONE = 1;             /* AD 変換開始 */
        while( GO_nDONE );        /* AD 変換完了待ち */
        ad_value = ADRESH;        /* ad_value に AD 変換の結果を保存 */

        if( ( ad_value > 123) && ( ad_value < 133) ){ /* 2.4[V] < Vref < 2.6[V] ? */
            CCPR1L = 0; CCPR2L = 0;                    /* 両レッグをローサイド100%に */
        }else{
            duty = abs( (ad_value - 128) * 100 / 128 ); /* Duty 比[%] を計算 */
            if( duty > 95 ){ duty = 95; }               /* Duty 比を95%に制限 */

            if( ad_value < 128 ){                       /* 2.5[V] < Vref ? */
                CCPR1L = 0;                             /* 左レッグをローサイド100% */
                CCPR2L = PR4 * duty / 100;              /* 右レッグを計算した Duty 比でドライブ */
            }else{
                CCPR1L = PR2 * duty / 100;              /* 左レッグを計算した Duty 比でドライブ */
                CCPR2L = 0;                             /* 右レッグをローサイド100% */
            }
        }
    }
}

void initializePort( void )
{
    PORTA = 0x00; LATA = 0x00; ANSELA = 0x00; TRISA = 0x00;
    PORTB = 0x00; LATB = 0x00; ANSELB = 0x00; TRISB = 0x00;
    PORTC = 0x00; LATC = 0x00; TRISC = 0x00;
    PORTE = 0x00; LATE = 0x00; TRISE = 0x00;
}

void initializePWM( void )
{
    CCPTMRS0 = 0b00000100; /* タイマの割り当てを設定 PWM モジュール1: タイマ2 PWM モジュール2: タイマ4 */

    /* 左レッグ設定 */
    TRISC2 = 1; TRISB2 = 1;       /* PWM 出力ポートを一旦 OFF */
    PR2 = 125;                    /* PWM 周波数 : 1kHz */
    CCPR1L = 0;                   /* Duty を 0% に */
    CCP1CON = 0b10011100;         /* PWM モジュール1 を ON */
    T2CON = 0b00000110;           /* タイマ 2 を ON プリスケーラ :16 */
    PWM1CON = 0b00000100;         /* デッドタイムを設定 2[us] */
    TRISC2 = 0; TRISB2 = 0;       /* PWM 出力ポートを ON */

    /* 右レッグ設定 */
    CCP2SEL = 0; P2BSEL = 0;      /* P2A を RC1 に, P2B を RC0 に割り当て */
    TRISC1 = 1; TRISC0 = 1;       /* PWM 出力ポートを一旦 OFF */
    PR4 = 125;                    /* PWM 周波数 : 1[kHz] */
    CCPR2L = 0;                   /* Duty を 0% に */
    CCP2CON = 0b10011100;         /* PWM モジュール 2 を ON */
    T4CON = 0b00000110;           /* タイマ 4 を ON プリスケーラ :16 */
    PWM2CON = 0b00000100;         /* デッドタイムを設定 2[us] */
    TRISC1 = 0; TRISC0 = 0;       /* PWM 出力ポートを ON */
}

void initializeAD( void )
{
    TRISB5 = 1; ANSB5 = 1;   /* RB5 を AD 入力ピンに設定 */
    ADCON1 = 0b01010000;     /* ADC クロックを 2[us] に設定 */
    ADCON0 = 0b00110101;     /* ADC モジュールを ON */
    __delay_us( 100 );       /* 設定完了時間待ち */
}
```

図 7.21 モータ正逆転プログラム

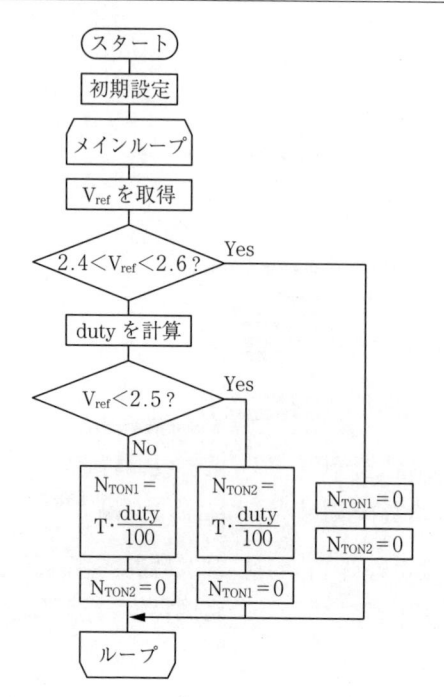

図7.22 モータ正逆転プログラムフローチャート

のデューティ比を0%にする。

V_{ref}が2.4V以下または2.6V以上であれば，PWMデューティ比dutyを

$$\text{duty} = \left| \frac{\text{ad\_value} - 128}{128} \times 100 \right| \tag{7.7}$$

より計算する。ただし，ブートストラップコンデンサを充電させるため，dutyは95以下に制限している。

そしてad_valueの値から回転方向を判別し，duty値よりPWMモジュールを設定してPWM信号を発生する。2.4V以下であれば，左レッグのローサイドを100%に，右レッグのハイサイドオン時間を

$$\text{CCPR2L} = \text{PR4} \cdot \frac{\text{duty}}{100} \tag{7.8}$$

と設定する。2.6V以上であれば，左右のレッグを逆に設定する。

以上の処理を繰り返し，可変抵抗VR_1の位置に応じてモータの正逆転と回

7.3 Hブリッジ回路を用いたモータ正逆転コントロール

転数をコントロールする。

（ティータイム）

PWM 基板

PWM コントロールを実際に試すために，MOSFET H ブリッジ基板を用意した。図に基板写真を示す。図 7.14 の回路構成を用いて，MOSFET IRFB3607PbF が H ブリッジをドライブする構成である。PIC16F1938 は，プログラムの書込みやすさを考慮して DIP パッケージを使用した。基板は 24 V 以下の電圧で，起動電流 70 A までの DC モータをドライブできる。単一の電源で実験できるよう，5 V のレギュレータも実装している。

基板の詳細は，コロナ社ウェブページ（http://www.coronasha.co.jp/np/isbn/9784339008623/）をご覧下さい。図 7.20 に示したプログラムのほか，PIC プログラムの作成および書込み方法なども記載しています。基板は秋月電子通商（http://akizukidenshi.com/）より発売中（K-08243）です。ご活用下さい。

図

[演習問題]

7.1 フルスケール 0 ～ 10 V の 12 ビット A-D コンバータがある。
（1） この A-D コンバータの量子化単位を求めよ。
（2） 0 ～ 10 m の距離を計測して 0 ～ 5 V の電圧を出力するセンサがある。センサ出力をこの A-D コンバータに入力したとき，計測値の 1 ビット（LSB）は何 mm になるか。

7.2 量子化誤差について説明せよ。

7.3 図 7.14 の回路で $V_{ref} = 1.0$ V のとき，PIC16F1938 の A-D コンバータを 5 V フルスケールとして 10 ビットすべて用いれば，ディジタル値はいくらになるか。

┌─ ティータイム ─┐

パソコンの 3P AC プラグ

　日本のふつうの 100 V の AC プラグは，二つの平行な端子が突き出ている。ところがパソコンの AC プラグには丸い第 3 の端子の付いた 3P タイプもある。第 3 の端子（アース端子）は接地極であり，建物側のコンセントの 3P 端子は地面に接続（大地アース）されている。

　ふつうの電気製品のケースなどユーザが触る部分は，AC 電源とは絶縁されている。したがって，ケースに触れても感電することはない。携帯などの充電に使用する AC-DC アダプタの端子には DC 電圧が現れるが，これも AC 電源とは絶縁されている。端子に触れても感電することはない。

　しかし，洗濯機や衣類乾燥機などの水を使う機器では，水分が漏電（AC 電源からの電流がケースなどに流れること）を引き起こす可能性がある。そのためケースは接地極に接続され，3P プラグを用いて大地アースするように定められている。万が一，AC がケースに漏電しても大地アースによって地面に流せば，ユーザは感電しない。これらの機器では必ず 3P コンセントに（3P コンセントがなければプラグの接地極をアース端子に）接続しなければならない。

　ところが，ふつうのパソコンはふつうの電気製品である。内部の電子回路は AC 電源とは絶縁されている。しばしば 3P プラグコードが使われるが，パソコンは，アース端子を接地しなくても感電のおそれはない。

引用・参考文献

[2章]
1) G2R リレーカタログ, オムロン (2011)
2) 1N4148 データシート, Fairchild Semiconductor (2007)
3) DME37 カタログ, 日本電産サーボ (2013)
4) A. W. G.-mm 換算表, 住友電気工業 (2012)
5) 許容電流計算式, 住友電気工業 (2012)
6) UL STYLE 1007 LF データシート, 住友電気工業 (2012)
7) UL STYLE 3265 データシート, 住友電気工業 (2012)

[3章]
1) RS-540 モータカタログ, マブチモーター

[5章]
1) LM35 データシート, Texas Instruments (2013)
2) LM358 データシート, Texas Instruments (2014)
3) 2SD2012 データシート, 東芝 (2007)
4) IRRB3607PbF データシート, International Rectifier (2012)
5) TLP351 データシート, 東芝 (2007)

[6章]
1) GSIB6A60 データシート, Vishay General Semiconductor (2008)
2) 戸川治朗:実用電源回路設計ハンドブック, CQ 出版 (1988)
3) NJM7800 データシート, 新日本無線 (2013)
4) NJM7900 データシート, 新日本無線 (2012)

[7章]
1) PIC16F1938 データシート, Microchip Technology (2011)
2) MCP14700 データシート, Microchip Technology (2009)

演習問題解答

[1章]

1.1 右から左へ，0.200 A（問題文からは 0.2 A としてもよいが，練習として有効数字3桁とする）

1.2 式 (1.6) より 10.0 Ω

1.3 62.5 J

1.4 （1） Ⓐ 10.0 V　Ⓑ 6.0 V（Ⓐで3桁を求めると小数点以下1位となるため，Ⓑも同じ桁まで求めればよい）

　　（2） 4.0 V

　　（3） 2.00 mA

　　（4） R_1 : 8.0 mW, R_2 : 12.0 mW

1.5 （1） $V_0 = 11.8$ V

　　（2） $I_0 = 1.00$ A

1.6 5 A において電圧が 0.5 V 下がっている。これが R_0 での降下電圧であるから，オームの法則より 0.100 Ω

1.7 $V_x = 9.00$ V, $R_x = 0.300$ Ω

1.8 $V_y = 12.0$ V, $R_y = 54.5$ mΩ

1.9 14.1 V

1.10 10.0 kHz

[2章]

2.1 （略）

2.2 起動時の電流が不明であるが，定格電流の3〜5倍と仮定する。センサは抵抗負荷と考える。定格電圧にも 1.2 倍の余裕を持たせれば，18 V，0.5 A 以上が望ましい。

2.3 コイルやモータなど，インダクタンス成分の大きな負荷。

2.4 接点離断時にはスパークが発生するが，交流は周期的に電圧が 0 となるため，その時点でスパークが消失する。一方，直流ではスパークが持続するため接点のダメージが大きくなる。スパークの大きさは電流依存するため，定格電流が

制限されている。

2.5 表2.3より，誘導負荷での定格負荷はDC 30 V，5 Aであるから，使用できる。
2.6 RY_1とRY_2が動作して，モータは逆回転する。
2.7 表2.3より，定格負荷DC 30 V以下であり，また，モータは始動時電流2.2 Aであるから，リレーの誘導負荷での定格3 A以内である。使用できる。
2.8 式(2.9)より，10.0 A
2.9 AWG24以下，AWG22以下。

[3章]

3.1 真空の誘電率 $\varepsilon_0 = 8.85 \times 10^{-12}$ として，式(3.1)より
$$F = \frac{1}{4\pi\varepsilon_0}\frac{q^2}{r^2} = 8.99 \times 10^9 \text{ N}$$

3.2 電子の電気素量は-1.60×10^{-19} Cより，力は電界の向きと反対の向きに大きさ
$$F_e = 3.20 \times 10^{-16} \text{ N}$$

3.3 真空の透磁率 $\mu_0 = 4\pi \times 10^{-7}$ として，式(3.10)より
$$F = \frac{1}{4\pi\mu_0}\frac{\Phi_1\Phi_2}{r^2} = 1.41 \times 10^4 \text{ N}$$

3.4 直線導体から $r = 50$ cmの等距離にある閉曲線は半径 r の円周になり，磁界の強さ H [A/m] は一定である。式(3.11)より
$$I = H\oint dl = H \cdot 2\pi r$$
$$\therefore H = \frac{I}{2\pi r} = 0.318 \text{ A/m}$$

3.5 式(3.12)より
$$F = IBl = 10.0 \text{ mN}$$

3.6 式(3.13)より
$$V = vBl = 100 \text{ mV}$$

3.7 （1） 式(3.12)より，電流はオームの法則から求まるので
$$F = \frac{V}{R}Bl = 3.75 \text{ N}$$
（2） 起電力 V が10 Vのとき，同じ大きさの電流が流れるので
$$v = \frac{V}{Bl} = 13.3 \text{ m/s}$$

3.8 回転方向は電磁力の法則より電流と磁界の向きの関係で決まるため，電池の接続極性を逆にする，または，磁石を裏返して極性を逆にすればよい。

3.9 図 3.23 の時刻に最大電圧となり，巻線 1 回転を 1 周期とする正弦波交流電圧が出力される。

3.10 式 (3.14) より，$V_{Ea} = 9.80$ V

3.11 前問 3.10 より，$V_{Ea} = 9.80$ V。式 (3.17) より
$$P_M = 19.6 \text{ W}$$

3.12 （1） 表 3.1 より，19 740 rpm

（2） 体重 50.0 kg の人が半径 100 mm のウインチにぶら下がるときに生じるトルク T_L は，$T_L = 50.0 \times 9.8 \times 100 \times 10^{-3} = 49$ N·m。最大効率時の出力 $P_{Mm} = T_L \omega_W = 63.2$ W で引き上げるときの回転数 n_W は
$$n_W = \frac{P_{Mm}}{2\pi T_L} = \frac{63.2}{2 \times \pi \times 49}$$
$$\approx 0.205 \text{ rps} = 12.3 \text{ rpm}$$
よって，$19\,740/12.3 \approx 1\,600$ 倍である。

（3） $P_M = Fv$ 〔W〕，重力加速度は 9.8 m/s^2 より
$$v = \frac{63.2}{50.0 \times 9.8} = 0.129 \approx 0.13 \text{ m/s}$$

（4） $\eta = \dfrac{63.2}{7.2 \times 13.0} = 0.675 \approx 0.68$

したがって，変換効率は 68%

[4 章]

4.1 n：自由電子，5 価，p：ホール，3 価

4.2 ホール−電子対が生成されることによりキャリヤが増え，電気伝導度が増大する。

4.3 式 (4.3) より，4.3 kΩ

4.4 式 (4.7) より，11.8 mA

[5 章]

5.1 式 (5.1) より，550 mV

5.2 $R_{in} = 10$ kΩ，$R_f/R_i = 19$。ただし R_f は式 (5.6) の範囲内であること。

5.3 オペアンプの入力抵抗は無限大と考えられるので，負荷抵抗は $R_1 = 1$ kΩ。

5.4 式 (5.4) より，$\beta = R_2/(R_2 + R_3)$，$\beta = 0.2$

5.5 式 (5.27)，(5.28) より，2.686 V，2.451 V であるからヒステリシス幅は 0.235 V。

5.6 $1.53 \sim 2.55$ V

演 習 問 題 解 答　　　　　　　　　　　　　　　179

5.7　2 kΩ の半固定抵抗で 1.0 V 幅を可変するから，$R_4+VR_1+R_5$ で 12 V となるためには，合成抵抗 24 kΩ となる。したがって，$R_4=20$ kΩ，$R_5=2$ kΩ

5.8　表 5.1 より，E12 系列の直近の値は，5.6 kΩ と 6.8 kΩ であり，誤差はそれぞれ -6.67% と $+13.3\%$ であるから，5.6 kΩ。
　　E24 系列の直近の値は，5.6 kΩ と 6.2 kΩ であり，6.2 kΩ の誤差は $+3.33\%$ である。よって，6.2 kΩ。

5.9　式 (5.19)，(5.20) より，5.08，4.92

5.10　表 5.2 より $V_{CEO}=60$ V であり，また，I_C が同じであるのでトランジスタのコレクタ損失は 12 V ファンのときと同じである。使用できる。

5.11　式 (5.34) より，コレクタ－エミッタ間飽和電圧を 1 V とすれば，コレクタ損失 1 W である。式 (5.35) より $P_{C(T_a=60℃)}=1.44$ W であるから，使用できる。（ただし，ファンの始動電流が 3 A を超えるときは，I_C の絶対最大定格を超えるため使用できない。）

5.12　表 5.4 より V_{DSS} は 75 V であり，50% の余裕を見ても 48 V は使用できる。式 (5.38) より 60℃ にてドレイン電流の最大値は 14.3 A であるので，使用できる。

5.13　TLP351 は赤外 LED であるので，順電圧 2 V と考えれば，300 Ω

5.14　R_1 の消費電力は 30 mW となるから，1/8 W = 125 mW の半分 62.5 mW 以下である。よって 1/8 W。

5.15　$\dfrac{V_{IN1}-V_{IN+}}{R_1}=\dfrac{V_{IN+}-V_{OUT}}{R_2}$ より求める。

5.16　2.376 kΩ，2.424 kΩ。

[6 章]

6.1　内部抵抗が 0 Ω であれば，バッテリーの端子間電圧は外部回路にかかわらず起電力に等しいため，直列，並列いずれも 1.5 V である。

6.2　$V_{Ra}=\sqrt{2}\ V$ 〔V〕。コンデンサに充電された電荷は放電しないため，電源電圧最大値を維持する。

6.3　$I_{da}=1.00$ A。式 (6.2) について，$V=100$ V のとき，$I_{da}=0.9\ V/R$〔A〕

6.4　$Q=1.00$ mC。式 (6.3) から，電荷量は静電容量と端子間電圧の積

6.5　式 (6.4) ($V_R=\sqrt{2}\ V\cdot e^{-\frac{1}{CR}t}$〔V〕) によれば，$R$ の値が小さいほど V_R の減少が速い。したがって，同じ交流電源であれば，整流後の周期的な電圧変化が大きく，平均電圧も低下するため，δ〔%〕と ε〔%〕は値が上昇（悪化）する。

6.6　式 (6.7) より　$N_2=25$ 回

6.7 （1） ピーク繰返し逆電圧は式 (6.12) より，余裕 S を 200％として

$$V_{RRM} \geq \sqrt{2}\, V_2 \times S$$
$$= \sqrt{2} \times 28 \times 2 \approx 79.2\,\text{V}$$

より 79.2 V 以上とする。

平均順電流は式 (6.13) より，余裕 S を 200％として

$$I_{F(AV)} \geq \frac{1}{2} I_{OUT} \times S$$
$$= \frac{1}{2} \times 1.4 \times 2$$
$$= 1.4\,\text{A}$$

より，1.4 A 以上とする。

ピークサージ電流 I_{FSM} は式 (6.14) より，平均順電流の 10 倍と考えて
$$I_{FSM} \geq I_{F(AV)} \times S = 1.4 \times 10 = 14\,\text{A}$$

14 A 以上とする。

（2） 式 (6.15) より，定格電圧 V_{dc} は，整流，平滑後のリプル電圧のピーク値 $\sqrt{2}\, V_2$ に，トランスの電圧変動率＋20％ ($\varepsilon = 0.2$)，電源電圧変動率 ($\varepsilon_{AC} = 0.1$)，余裕 S を 110％ ($S = 1.1$) と考え

$$V_{dc} \geq \sqrt{2}\, V_2 \times (1+\varepsilon) \times (1+\varepsilon_{AC}) \times S$$
$$= \sqrt{2} \times 28 \times 1.2 \times 1.1 \times 1.1 \approx 57.5\,\text{V}$$

より 57.5 V 以上とする。

容量は式 (6.16) より，直流出力電圧 $V_{OUT} は \sqrt{2} \times 28 = 39.6\,\text{V}$，周波数は 50 Hz と考え

$$C = \frac{25}{2\pi f \dfrac{V_{OUT}}{I_{OUT}}} = \frac{25}{2\pi \times 50 \dfrac{39.6}{1.4}} \approx 2\,813\,\mu\text{F}$$

より，2 700 μF または 3 300 μF くらい，周波数 60 Hz なら 2 344 μF となるから 2 200 μF または 2 700 μF くらいとする。

6.8 式 (6.23) より三端子レギュレータの消費電力 P_D 〔W〕は，平均入力電圧 V_{IN}，出力電圧 V_{OUT}，平均出力電流 I_{OUT} として

$$P_D = (26.6 - 5) \cdot 0.5 = 10.75\,\text{W}$$

式 (6.21) より $\theta_{jc} = 5\,℃/\text{W}$ であるから，式 (6.24) より

$$\theta_{hs} < 3.37\,℃/\text{W}$$

6.9 1次巻線 N_r がない場合，N_P の励磁電流による磁束が変圧器に残留したまま蓄積される。時間が経過するに従い，磁束の飽和を生じて N_P はコイルとして

の機能を失い，短絡と同じ状態になる。結果，MOSFETは破壊される。

6.10 $R_a = 141\,\Omega$。整流後の最大電圧は $V_m = \sqrt{2} \times 100 = 141\,\mathrm{V}$ であるから，$I = 1\,\mathrm{A}$ にするためには，$R_a = V_m/I$ となる。

[**7章**]

7.1 （1） 式 (7.1) より，2.44 mV。
   （2） 4.88 mm

7.2 （略）

7.3 10ビットであれば $0 \sim 2^{10}-1$ の値に $0 \sim 5\,\mathrm{V}$ が変換されるから，204。

あ と が き

　とかく教科書は実践に役立たないことが多い。やたらと理論を解析して解説はしてくれるが，その理論をどう設計解へとまとめ上げるかは示してくれない。エンジニアは，知識を用いてモノを作るのが商売である。まともに動くモノを作らなければ商売上がったりである。

　この本は，メカを学ぶ人たちが，メカを動かすために必要なエレキの基礎知識と理解を得ることを目的として著した。高校の理科基礎あるいは理科総合で習う電気の知識，とりあえずオームの法則を知っている人たちが，モータをコントロールするメカトロニクス電子回路をデザインできるようになることが本書の目標である。

　現代では，モータをコントロールするためにも，ディジタルコントロールが当たり前となっている。本書では読者が実践的な力を付けられるよう，モータのPWMコントロールを解説するだけでなく，実際にモータを回して理解するためのプリント基板とプログラムも用意した。本書は読者が

　　『PWMコントローラをデザインできるようになること』

をめざしている。

　本書の原稿作成にあたっては，上山利愛さん，石倉万希斗君の協力をいただいた。さらに出版にあたってはコロナ社の方々にご尽力をいただいた。ここに厚く御礼を申し上げる。

2014年3月

エレキ屋を代表して　別府　俊幸

索引

【あ】

アイソレーション　　129
アナログ回路　　126
アノード　　78
安全動作領域　　122
アンペール
　　——の周回積分の法則　　53
　　——の右ねじの法則　　53

【い】

1次巻線　　141
インダクタンス　　27
インバータ　　135

【う】

ウィンドウコンパレータ　　117

【え】

エミッタ　　85, 89

【お】

オープンコレクタ　　116
オペアンプ　　96, 97, 102, 114
オームの法則　　2, 3, 6
オルタネート　　22
オン抵抗　　91

【か】

回転トルク　　64
回　路　　1
ガウスの定理　　50
可制御デバイス　　85
カソード　　78
片電源　　97
カットイン電圧　　79
価電子　　75
価電子帯　　75

過電流検出回路　　151
可変抵抗　　107

【き】

機械回転角　　65
機械出力　　64
起磁力　　54
起電力　　54
逆起電力　　64, 67
逆電圧　　79
逆並列ダイオード　　88
キャパシタンス　　110
キャリヤ　　76
共通端子　　22
極　数　　67
極対数　　67
許容コレクタ損失　　121
キルヒホッフ
　　——の電圧則　　4
　　——の電流則　　4, 11, 13
禁制帯　　76

【く】

空乏層　　78
グランド　　7, 16, 18, 19, 98, 128, 129, 142
クリップモータ　　59
クーロンの法則　　53
クーロン力　　47

【け】

軽負荷　　59
ゲイン　　99, 101, 104, 105
ゲート　　89
ゲートドライバ　　165
ゲート漏れ電流　　164
ケミコン　　112, 144
原　子　　44

原子核　　44

【こ】

コイル　　27
コイル辺　　61
交流電圧源　　133
コモンモードノイズ　　150
コモンモードフィルタ　　150
コレクタ　　85, 89
コレクタ損失　　121
コンデンサ　　109, 112
コンパレータ
　　96, 114, 116, 156, 157

【さ】

サージ吸収用ダイオード
　　　　　　　30, 36
参照電圧　　96, 97, 115, 117
三相交流　　135
三端子レギュレータ
　　　　　　　140, 145, 147
サンプリング　　154
サンプリング間隔　　155
サンプルホールド
　　　　　　　156, 157, 158

【し】

磁　界　　50
しきい値　　115
磁気飽和現象　　141
磁　極　　51, 53
シーケンス　　151
自己誘導　　28
磁　束　　52
磁束密度　　52
実効値　　13
始動電流　　71
始動トルク　　41

磁場	50	速度特性	69	電界	47
遮断領域	87	速度-トルク特性	70	電界効果トランジスタ	
ジャンクション温度	125	ソース	90		85, 89
自由電子	46, 76			電解コンデンサ	112, 144
重負荷	59	【た】		電気回路	8
主磁極	60	耐圧	143	電機子	60
受動素子	8, 105	ダイオード	77, 83, 143	電機子抵抗	63
ジュール熱	5	ダイオードブリッジ	144	電機子鉄心	60
順電圧	78	対地ノイズ	150	電機子電流	63
順電流	79	多数キャリヤ	77	電機子巻線	60
常開端子	22	単相交流	135	電気的特性	119, 124
少数キャリヤ	77			電気力線	50
焼損	70	【ち】		電源	4, 97, 116, 129, 140
常閉端子	22	チャタリング	116	電源電圧変動率	142, 144, 146
ショートブレーキ	31, 40	直流機	59	電源トランス	142
磁力線	52	直流電圧源	133	電子	44
真空		直流電圧変動率	139	電子回路	8, 103
――の透磁率	52	直流電圧脈動率	139	電磁接触器	150
――の誘電率	47	直流電動機	44	電磁誘導	28, 57
真性半導体	75	チョッパコントロール	160	電磁力	56
振幅値	15			電束	50
		【つ】		電束密度	50
【す】		ツェナー降伏	80	伝導帯	75
スイッチ	21, 22	ツェナーダイオード	80	電場	47
スイッチング周波数	160	ツェナー電圧	80	電流	1
スイッチングレギュレータ				電流増幅率	86
	148	【て】		電力	5
スロット	60	低インピーダンス回路	11	電力エネルギー	5
		定格回転数	73	電力量	5
【せ】		定格出力	73		
正孔	76	定格電圧	22, 33, 72	【と】	
静電気	45	定格電流	22, 33, 73	等価回路	9, 11
整流作用	79	定格トルク	41, 73	導体	46
整流子	60	抵抗	107	動電気	45
整流子片	61	抵抗値	113	突入電流	151
積層セラミックコンデンサ		抵抗負荷	23	突入電流抑制抵抗	151
	112	ディジタル回路	126	トランジスタ	96, 119
絶縁体	46	テブナン等価回路	10	トランス	133, 141
接合部温度	147	デューティ比	160, 165, 172	トルク	40
絶対最大定格	36, 119, 124	テール電流	94	トルクコントロール	69
セラミックコンデンサ	146	電圧	3, 49	トルク特性	70
線間ノイズ	150	電圧源	9, 133	ドレイン	89
		電圧信号回路	125, 128		
【そ】		電位	49	【な】	
増幅	97	電位差	49	内蔵電位	78
速度コントロール	69	電荷	44, 53	内蔵電界	78

索引

内部抵抗		9, 12

【に】

2次巻線	141
入力インピーダンス	100, 102, 103

【ね】

熱抵抗	125, 146

【の】

ノイズ	103, 115, 127, 149
ノーマルモードノイズ	150
ノーマルモードフィルタ	150

【は】

配線用遮断器	150
バイポーラトランジスタ	85
パスコン	98, 112
バーチャルショート	100
パワー回路	11, 119, 125, 128
パワートランジスタ	86, 119
半固定抵抗	107
反転層	90
半導体	46, 75
バンドギャップ	76, 82

【ひ】

非可制御デバイス	84
ピーク繰返し逆電圧	143
ピークサージ電流	143
ピークピーク値	15
ヒステリシス	116
ビット	127
ヒートシンク	122, 125, 146
標準電圧	71

【ふ】

フィードバック	104, 114
フィルムコンデンサ	112
フェイルセーフ	40
フォトカプラ	129
フォワードコンバータ	149
負荷	59
不純物半導体	77
不導体	46
ブートストラップ	163, 164
不飽和領域	87
ブラシ	61
ブラックボックス	9
ブリッジ整流回路	136
プリント基板	42
フルスケール	154, 155
ブレーカ	150
ブレークダウン	80
ブレークダウン電圧	80
フレミング	
——の左手の法則	56
——の右手の法則	57
分解能	154

【へ】

平滑コンデンサ	139, 144
平均順電流	143
並列回路数	67
ベース	85, 89
変圧器	133, 141

【ほ】

放電抵抗	151
飽和状態	121
飽和領域	87

【ま】

ボディダイオード	90
ホール	76
毎極磁束	67

【も】

モーメンタリ	22

【ゆ】

誘導起電力	57, 64, 67
誘導負荷	23

【よ】

陽子	44

【ら】

ラッチングリレー	37

【り】

リセット巻線	149
リプル電圧	139
量子化誤差	155
量子化単位	154
両電源	97
リレー	25, 38, 40

【れ】

レッグ	160

【ろ】

ロジック回路	130

【わ】

ワイヤードOR	117

【A】

a接点	22
ACラインフィルタ	150
A-Dコンバータ	154, 156, 170
AWG	41

【B】

b接点	22
bottom view	33

【C】

c接点	22

【D】

D-Aコンバータ	156, 158
DC-DCコンバータ	136
DCモータ	25, 38, 40, 44, 59, 63, 65, 67, 69, 96, 119, 153, 159

【F】

FET　　　　　　　　　　85

【G】

GND　　　7, 16, 97, 98, 142

【H】

Hブリッジ　　160, 161, 162

【I】

IGBT　　　　　　　　　92

【L】

LED　　　　　　　　　　81

【M】

MC　　　　　　　　　　150
MCCB　　　　　　　　 150
MOSFET　　89, 123, 129, 162

【N】

n形半導体　　　　　　　77
nチャネル　　　　　　　 90
nベース層　　　　　　　 93
npnトランジスタ　　　　85

【P】

p形半導体　　　　　　　77
PIC　　　　153, 165, 167, 169

pn接合　　　　　　　　　77
pnpトランジスタ　　　　88
PWM　　153, 159, 162, 167, 173
PWMコントロール　　　160

【R】

RS-540SH　　　　　　　71

【S】

sq　　　　　　　　　　　41

【T】

top view　　　　　　　　33

―― 著者略歴 ――

別府　俊幸（べっぷ　としゆき）
1983 年　東京理科大学工学部電気工学科卒業
1985 年　東京電機大学大学院理工学研究科修士課程修了（システム工学専攻）
1985 年　東京女子医科大学日本心臓血圧研究所助手
1995 年　博士（医学）（東京女子医科大学）
1998 年　博士（工学）（東京電機大学）
1998 年　松江工業高等専門学校助教授
2003 年　松江工業高等専門学校教授
　　　　 現在に至る

濱口　哲也（はまぐち　てつや）
1984 年　東京大学工学部産業機械工学科卒業
1986 年　東京大学大学院工学系研究科修士課程修了（産業機械工学専攻）
1998 年　博士（工学）（東京大学）
2002 年　東京大学助教授
2007 年　東京大学特任教授
　　　　 現在に至る

渡邉　修治（わたなべ　しゅうじ）
1995 年　山口大学工学部電気電子工学科卒業
1997 年　山口大学大学院工学研究科博士前期課程修了（電気電子工学専攻）
2003 年　山口大学大学院理工学研究科博士後期課程修了（システム工学専攻）
　　　　 博士（工学）（山口大学）
2009 年　松江工業高等専門学校准教授
　　　　 現在に至る

メカトロニクス電子回路
Electronic Circuits for Mechatronics Controllers

©Beppu, Watanabe, Hamaguchi 2014

2014 年 4 月 28 日　初版第 1 刷発行　　　　　　　　　　★
2016 年 4 月 15 日　初版第 2 刷発行

検印省略	著　者	別　府　俊　幸
		渡　邉　修　治
		濱　口　哲　也
	発行者	株式会社　コロナ社
	代表者	牛来真也
	印刷所	新日本印刷株式会社

112-0011　東京都文京区千石4-46-10
発行所　株式会社　コロナ社
CORONA PUBLISHING CO., LTD.
Tokyo Japan
振替00140-8-14844・電話(03)3941-3131(代)
ホームページ　http://www.coronasha.co.jp

ISBN 978-4-339-00862-3　（横尾）　　　（製本：愛千製本所）
Printed in Japan

本書のコピー，スキャン，デジタル化等の無断複製・転載は著作権法上での例外を除き禁じられております。購入者以外の第三者による本書の電子データ化及び電子書籍化は，いかなる場合も認めておりません。

落丁・乱丁本はお取替えいたします

電気・電子系教科書シリーズ

(各巻A5判)

- ■編集委員長　高橋　寛
- ■幹　　　事　湯田幸八
- ■編集委員　　江間　敏・竹下鉄夫・多田泰芳
  　　　　　　　中澤達夫・西山明彦

配本順		書名	著者	頁	本体
1.	(16回)	電気基礎	柴田尚志・皆藤新泰・田尚志 共著	252	3000円
2.	(14回)	電磁気学	多田泰芳・柴田尚志 共著	304	3600円
3.	(21回)	電気回路Ⅰ	柴田尚志 著	248	3000円
4.	(3回)	電気回路Ⅱ	遠藤・鈴木・吉田・福崎・西 昌典恵拓和明二 編著／隆福吉高西 純雄子巳之彦 共著 勲靖純雄子巳之彦	208	2600円
5.		電気・電子計測工学		近刊	
6.	(8回)	制御工学	下西・奥西・平木・青堀 鎮 正 共著	216	2600円
7.	(18回)	ディジタル制御	青木・西堀 俊立 共著	202	2500円
8.	(25回)	ロボット工学	白水俊次 著	240	3000円
9.	(1回)	電子工学基礎	中澤・藤原 達勝 夫幸 共著	174	2200円
10.	(6回)	半導体工学	渡辺英夫 著	160	2000円
11.	(15回)	電気・電子材料	中澤・押山・森田・須原・服部 共著	208	2500円
12.	(13回)	電子回路	土田・伊原 健英二 共著	238	2800円
13.	(2回)	ディジタル回路	若海・吉澤・室賀 博夫充弘昌純也 共著	240	2800円
14.	(11回)	情報リテラシー入門	山下 進厳 共著	176	2200円
15.	(19回)	C++プログラミング入門	湯田幸八 著	256	2800円
16.	(22回)	マイクロコンピュータ制御プログラミング入門	柚賀千代谷 正光慶 共著	244	3000円
17.	(17回)	計算機システム	春日舘泉 健治雄幸 共著	240	2800円
18.	(10回)	アルゴリズムとデータ構造	湯伊田原 八博充 共著	252	3000円
19.	(7回)	電気機器工学	前新田谷 邦弘勉 共著	222	2700円
20.	(9回)	パワーエレクトロニクス	江間・高橋 敏勲 共著	202	2500円
21.	(12回)	電力工学	江甲斐・三間・木 隆成章彦機 共著	260	2900円
22.	(5回)	情報理論	吉川・竹川 英鉄夫機 共著	216	2600円
23.	(26回)	通信工学	下田・吉田・松部 豊克久 共著	198	2500円
24.	(24回)	電波工学	宮南岡原 稔正史 共著	238	2800円
25.	(23回)	情報通信システム（改訂版）	桑原・月原 裕唯夫 共著	206	2500円
26.	(20回)	高電圧工学	植松・箕松 孝充史志 共著	216	2800円

定価は本体価格＋税です。
定価は変更されることがありますのでご了承下さい。

◆図書目録進呈◆

ロボティクスシリーズ

(各巻A5判)

- ■編集委員長　有本　卓
- ■幹　　　事　川村貞夫
- ■編集委員　石井　明・手嶋教之・渡部　透

配本順				頁	本体
1. (5回)	ロボティクス概論	有本	卓編著	176	2300円
2. (13回)	電気電子回路 —アナログ・ディジタル回路—	杉田　山中　小西	進克彦共著　聡	192	2400円
3. (12回)	メカトロニクス計測の基礎	石井　木股　金	明雅章共著　透	160	2200円
4. (6回)	信号処理論	牧川	方昭著	142	1900円
5. (11回)	応用センサ工学	川村	貞夫編著	150	2000円
6. (4回)	知能科学 —ロボットの"知"と"巧みさ"—	有本	卓著	200	2500円
7.	メカトロニクス制御	平井　坪内　秋下	慎一孝司貞夫 共著		
8. (14回)	ロボット機構学	永井　土橋	清宏規 共著	140	1900円
9.	ロボット制御システム				
10.	ロボットと解析力学	有田　本原	卓健二 共著		
11. (1回)	オートメーション工学	渡部	透著	184	2300円
12. (9回)	基礎 福祉工学	嶋本　手米川　相良谷　糟二佐	教孝之清訓朗貞紀 共著	176	2300円
13. (3回)	制御用アクチュエータの基礎	川村　野方所　田川浦　早松	貞恭夫誠論弘裕 共著	144	1900円
14. (2回)	ハンドリング工学	平井　若松	慎栄一史 共著	184	2400円
15. (7回)	マシンビジョン	石井　斉藤	明文彦 共著	160	2000円
16. (10回)	感覚生理工学	飯田	健夫著	158	2400円
17. (8回)	運動のバイオメカニクス —運動メカニズムのハードウェアとソフトウェア—	牧川　吉田	方正昭樹 共著	206	2700円
18.	身体運動とロボティクス	川村	貞夫編著		

定価は本体価格+税です。
定価は変更されることがありますのでご了承下さい。

図書目録進呈◆

メカトロニクス教科書シリーズ

(各巻A5判，欠番は品切です)

■編集委員長　安田仁彦
■編集委員　末松良一・妹尾允史・高木章二
　　　　　　藤本英雄・武藤高義

配本順			頁	本体
1.（4回）	メカトロニクスのための**電子回路基礎**	西堀賢司著	264	3200円
2.（3回）	メカトロニクスのための**制御工学**	高木章二著	252	3000円
3.（13回）	**アクチュエータの駆動と制御（増補）**	武藤高義著	200	2400円
4.（2回）	**センシング工学**	新美智秀著	180	2200円
5.（7回）	**CADとCAE**	安田仁彦著	202	2700円
6.（5回）	**コンピュータ統合生産システム**	藤本英雄著	228	2800円
7.（16回）	**材料デバイス工学**	妹尾允史・伊藤智徳共著	196	2800円
8.（6回）	**ロボット工学**	遠山茂樹著	168	2400円
9.（17回）	**画像処理工学（改訂版）**	末松良一・山田宏尚共著	238	3000円
10.（9回）	**超精密加工学**	丸井悦男著	230	3000円
11.（8回）	**計測と信号処理**	鳥居孝夫著	186	2300円
13.（14回）	**光工学**	羽根一博著	218	2900円
14.（10回）	**動的システム論**	鈴木正之他著	208	2700円
15.（15回）	メカトロニクスのための**トライボロジー入門**	田中勝之・川久保洋共著	240	3000円
16.（12回）	メカトロニクスのための**電磁気学入門**	高橋裕著	232	2800円

定価は本体価格+税です。
定価は変更されることがありますのでご了承下さい。

図書目録進呈◆